ものと人間の文化史

124-I

動物民俗 I

長澤武

法政大学出版局

はじめに

動物と人との親密な関係は、植物とともに、神を仲立ちとして、自然と文化をとりもつ重要な役割を果たしてきた。山野の獣や鳥たちや川や海の魚、とりわけ海から溯上してくるサケやマスを大事な食糧として暮らしていた縄文時代、さらにその後稲作文化が渡来し、耕作地が拡大されるにしたがい社会化が進み、身近かな動物との関係に変化は見られるものの、精神面では、仏教の教えや年中行事の進展に伴い、人間と動植物との濃密な関係はつづき、自然の中で、自然と共に、人びとの暮らしは身近かな動植物たちとともに営まれてきた。

このような暮らしでは、経験知の積み重ねの集積が重要であり、まさにフォークロアの世界がそこにあった。

江戸三百年の歴史の後、明治維新により、国家社会の西欧化が徐々に進んだが、農山村では生活スタイルや産業の近代化は遅々たるもので、手作業中心の昔ながらの姿が、あまり変わらず昭和に至るまで続いていた。

ところが、太平洋戦争後の昭和三十年代からの、日本の高度経済発展は目を見張るほどで、マネー経済優先の、工業化・都市化が急速に進み、古くからの日本のフォークロアの世界は音をたてて崩れ、平成になるとそれらは、すでに崩れ去ったと言っても過言ではない状態にまでなってしまった。

昭和の初めに生まれた筆者は、太平洋戦争で社会の近代化が一時ストップし、人びとの暮らしが大正時代にタイムスリップした貴重な体験をしたほか、子どもの頃には、夜は年中行事をしながら、祖父や祖母から小鳥にまつわる民話や言い伝えを聞いたりした。また春には、オタマジャクシやフナ仔を追い回し、初夏にはホタルを追い、夏には川に入って雑魚を手づかみにしたり、セミ捕りやトンボ捕りもした。秋には鳥焼きに連れて行ってもらったり、冬には庭先までノウサギの足跡が一杯で、学校の授業中に裏山でパン、パーンという鉄砲の音がして、高等科生の兎追いがあった。そして翌日にはその肉が入った給食の味噌汁が出て、おいしかった思い出など尽きない。

また医療面では、打撲をした時にはマムシ酒をつけてもらい、腹痛の時にはクマの胆を削ってお湯に融かし、風邪の熱さましなどには犀の角をサメ皮のやすりで擦って飲ませてもらったし、シマヘビを捕って空缶に入れて籾ぬかの中で黒焼きにするのも見て育った。

このように、昔の農山村の暮らしは、身近かな自然、とくに植物や動物を、衣食住はもちろん、生産活動、信仰、医療、遊びなどあらゆる面でフルに利用したものだった。そのような暮らしは、歴史的に見ても中国の「本草学」の影響を強く受けながら、仏教の渡来以来昭和にまで至っており、『延喜式』などを見てもそのことがよく分かり、西欧の科学や化学的な考えとは全く異なった発想に基づくものである。

このような考えに基づく暮らし方は、暮らしのかてのすべてを自然に求め、自然の恵みを基として生きて行くという、自給自足を基本とする考えであるから、自然に近い位置にいるほど暮らしやすい社会であった。したがって今のようにマネー優先の、金が無ければ生きて行けない社会とは縁遠い、ゆったりとしたスローライフの社会だったから、山の中の一軒家でも十分生活して行くことができた。ところが近代化、西欧化が進んだ農山村の昨今の姿はどうだろうか。川には発電用ダムができて、サケやマスの溯上は止まり、水田のドジョウやタニシは農薬や除草剤の多用で食用に適さなくなり、食料品のほとんどはスーパーマーケットで買わなくてはならない時代になってしまった。

「古き良き時代」という言葉があるが、昔は害獣や害虫に農作物が荒らされながらも共に生き、そこには人間と動物との麗わしい関係があった。懐古趣味のきらいがあるかもしれないが、本書はそんな、動物たちと共に生きてきた時代の人間と動物との交流の実態に光を当てた記録であり、良き時代の「挽歌」であるかもしれない。

平成十六年一月

長澤　武

凡　例

一、本書は本州に棲息する野生動物につき、関東地方以北の内陸部を中心に、その民俗を述べたものである。
二、地名については、努めて府県名を表示したが、繰り返し出てくる場合は省略したものもある。また一部町村合併によって市町村名の変わっているものもあるが了承いただきたい。
三、本文中に出てくる次の動物名は、それぞれ＝の下の正式名称およびそれぞれの動物を総称する場合が多いので、そのように理解いただきたい。

○哺乳類

アナグマ　＝ニホンアナグマ
イタチ　＝ホンドイタチ
カモシカ　＝ニホンカモシカ
キツネ　＝ホンドキツネ
クマ　＝ツキノワグマ
サル　＝ニホンザル
シカ　＝ニホンジカ
タヌキ　＝ホンドタヌキ
テン　＝ホンドテン
ネズミ　＝ニホンクマネズミ、ニホンドブネズミ、ハタネズミ、ホンドアカネズミ、ホンドヒメネズミなど
ノウサギ　＝トウホクノウサギ

ムササビ　＝ニッコウムササビ
モグラ　＝アズマモグラ、コウベモグラ
リス　＝ニホンリス
○鳥類
カラス　＝ハシブトガラス、ハシボソガラス
セキレイ　＝キセキレイ、セグロセキレイ、ハクセキレイ
○両生類
アカガエル＝ヤマアカガエル、ニホンアカガエル
アマガエル＝ニホンアマガエル
ヒキガエル＝ニホンヒキガエル、アズマヒキガエル
○魚類
サケ　＝シロザケ
サメ　＝ジンベイザメ、トラザメ、トチザメ、ツノザメ、ヨロイザメ、ホンザメ、シュモクザメ、
　ノコギリザメなど
フナ　＝ギンブナ、キンブナ、ゲンゴロウブナ
マス　＝サクラマス
○その他
タニシ　＝マルタニシ
ホタル　＝ゲンジボタル、ヘイケボタル
ミミズ　＝フツウミミズ、ヒトツモンミミズ、シマミミズなど

目　次（Ⅰ）

第二章　信仰・まじない・占いと動物たち　95

目　次（II）

第一章　暮らしの中の動物たち

一　季節を知らせる動物たち

㈠　動物季節と自然暦

大正時代までは、日本の農山村のほとんどの地域で大陰暦（旧暦）を用いていた。したがって、閏年だと十三か月あるし、雪国では雪の多い年と少ない年、暖い年と寒い年では、春のおとずれが二十日以上違うことがよくある。

寒い年だと暦にしたがって種を蒔くと、発芽した苗が晩霜や降雪の被害に遭って、せっかく出た芽が全滅することさえある。このようなことに幾度か遭うと、人びとは自然と利巧になり、周囲の山の残雪の様子や、近くの桜やコブシの花の咲き具合、渡り鳥の初鳴きを聞くなど、季節の移ろいにしたがって、種を蒔いたり農作業を進めるのが一番よいことを知るようになった。

季節の到来を植物の花の咲くのや葉の繁り具合によって察知するのが「植物季節」であり、小鳥の鳴き声や、渡ってきた姿を初めて見るなどして季節の到来を感知するのが「動物季節」で、これらを総合して「自然暦」と呼んでいる。

農山村の人たちは、長い経験の中から、たくさんの「自然暦」を編み出し、語り継いできている。本項ではそれらの中から、「動物季節」についてだけを取り上げて述べることとする。

鳥　類

○カシの実が落ちるころになるとアオバトが群れをなして来る（宮崎県榎原地方の俚言。カシの実が落ちるのは二月中旬で、このころからぼつぼつ暖くなる）。
○雪白水が海に入ると白鳥が北へ去る（青森県小湊地方の諺。雪白水は雪融水でぼつぼつ種籾を浸す時期）。
○ツルが北に向かって高く飛ぶと彼岸さめ（佐賀県神埼郡蓮池辺の諺。さめは明けの意味）。
○ウグイスの声を聞いたら苗代に種を蒔け（山形県最上郡東小国地方の昭和初めのころの諺）。
○ダオが渡って来たから田の支度にかかろう（青森県大畑地方の大正初めのころの俚言。ダオはトキの方言で、当時は普通に見られた）。
○麻蒔鳥が鳴き始めたから麻を蒔かねば（福岡県雷山地方の大正時代の俚言。麻蒔鳥はツツドリで、ぽんぽん〳〵と鳴く）。
○ホウホウ鳥が鳴くからクマも穴から出るよ（福島県只見地方の猟師仲間の諺。ホウホウ鳥はツツドリの方言）。
○ガッポウが鳴くからがっぽう出るゾ（ガッポウは山口県萩地方でカッコウの方言、また筍もがっぽうと呼ぶ）。
○豆蒔鳥が鳴くから豆を蒔かねば（近畿地方の昔からの諺。豆蒔鳥はカッコウのこと。長野県、新潟県東蒲原郡、青森県下北郡で同じ）。
○カッコウが啼くから大豆を蒔かねばならぬ（長野県下の広い地域での俚言。青森県大畑地方でも同じ）。
○トットが鳴き出したから粟を蒔け、カッコウが鳴くから豆を蒔け（青森県下北地方の諺。トットはツツドリ、岩手県早池峰山麓も同じ）。

○カッコウが鳴くから粟を蒔け、トットが来たから豆を蒔け（青森県中津軽地方の諺）。
○イモオヤシが鳴いたぞ（愛媛県北宇和郡辺の諺。イモオヤシはアオバズクの方言で、この鳴き声で農家は里芋を植え付けるそうだ）。
○トットーが鳴くから稗を蒔け（トットーはツツドリ、青森県大畑）。
○ケトケト（ヨタカ）が鳴けば手苗を捨てて豆を蒔かねばならぬ（和歌山県下）。
○トットに籾蒔き、カッコウに粟蒔き、ホトトギスに田を植えよ（秋田県北秋田郡地方の諺。トットはツツドリの方言）。
○麦枯らしが来たから麦の種も枯れてくるぞ（土佐の諺。麦枯らしはオオヨシキリのこの地方の方言）。
○榎の葉のスズメ隠れに稗蒔き（佐渡金北山麓の諺。榎の木にスズメが来て止まっても葉が繁って見えなくなること）。

春を告げるカッコウは渡り鳥である

○アオバトが盛んに鳴くから田植えも終わり近くなった（青森県下の昭和初めのころの俚言）。
○コツカルの洗い雨（沖縄八重山地方の諺。コツカルはアカショウビン。洗い雨は梅雨のはしり雨）。
○モズが鳴くと栗が笑む、富士が白くなると甘藷が甘くなる（東京都北多摩地方の諺。笑むは熟して口が開くこと）。
○麦蒔鳥が来たから麦を蒔かねば（千葉・茨城県地方の諺。麦蒔鳥はセキレイの方言。セキレイは夏の暑い時は山間の渓間に移って暮らし、秋冷のころになると里に下りてくる習性がある）。

○豆蒔鳥が鳴いたら豆を蒔け（新潟県中越地方、長野県下の広い地域の諺。豆蒔鳥はキジバトの方言）。
○サツキ鳥が鳴いたら田打（新潟県中越地方の山村の諺、サツキ鳥はカッコウの方言）。
○ホンゾンカケが鳴いたらナタを腰にさしているな（新潟県中越地方の諺。ホンゾンカケはホトトギスの方言、ナタを腰にさしているなは、春山の薪伐りを止めて田仕事に移れということ）。
○ナンバン鳥が鳴くと入梅（ナンバン鳥はアカショウビンの方言、この鳥が渡ってくると梅雨に入るという新潟県中越地方の諺）。
○カッコウが鳴いたら刈敷刈りを始める（長野県大町温泉郷の辺の諺。刈敷は田へ入れる緑肥）。
○ツバメが来たら田に水を入れ、種籾を蒔け（長野県松本地方の諺）。
○ウグイスが鳴いたらウグイス菜など春野菜の種を蒔く（長野県中信地方の諺）。
○ヤマバト鳴いたら豆を蒔け、カッコウ鳴いたら豆を蒔け（長野県中信地方の諺）。

哺乳類

○バッケが咲くとクマが穴から出る（新潟県東蒲原郡の山手の諺。バッケはフキノトウで春一番に咲くが、このころクマは冬眠から覚め穴から出るという）。
○バッカイを食うとシカの角は落ちる（岩手県陸中門馬辺の諺。バッカイはフキノトウ）。
○アザミの新芽を食うとシカの角が落ちる（奈良県吉野地方の諺）。
○タラの芽が出始めると牡シカの角が落ちる（九州霧島山麓の諺）。
○ハモリの花盛りにイノシシはたける（奈良県吉野郡北山川地方の諺。ハモリはアセビの方言）。
○ワラビの出るころウサギの仔が生まれる（福岡県八女郡星野辺の諺）。

○モマ（ムササビ）はクヌギの芽が出ると出てくる（宮崎県三田井地方の諺）。
○トウモロコシの花咲くころには仔を連れてタヌキが出てくる（高知県高岡郡広野辺の諺。全国的に見てもあてはまる）。

両生・爬虫類

○ワクド（ヒキガエル）が卵産みに水に入ると暖かくなる（熊本県玉名地方）。
○アオバズクの初声とトノサマガエルの土中の初音は同時（福岡県久留米地方の諺で、共に四月下旬）。
○甘藷の新蔓の挿し植えころはヒラクチの出盛り、大豆の採り入れ時がヒラクチの最も荒れるころ（熊本県玉名郡での諺。ヒラクチはマムシの方言）。

魚　類

○サツキの花が咲くとサツキマスが海から長良川にのぼってくる（岐阜県長良川沿岸の諺）。
○柳の芽が出るとヤマベやイワナも出る（山形県最上郡東小国地方の諺）。
○初雪の降る夜にマスは庄川を下る（岐阜県白川村の俚言）。
○ヨーラミ（トビシマカンゾウ）が咲くと卵を持った魚が海辺にやってくる（佐渡の海岸地方。その魚はマダイ（小木岬の江積《えづみ》や深浦）、マイカ（大佐渡の願《ねがい》や相川町）、コチ（大佐渡の北の海辺地方）と地域によって異なる）。
○マスの花が咲いたからマスがやってくるゾ（北海道のアイヌの人たちの俚言。海に下ったサクラマスの稚魚は、一年たつと六〇センチにも成長して母川に帰ってくる。川口近くでは六月で、次第に上流に溯上して産卵

リンゴの花が咲き，畑には種を蒔く春の最盛期

のために上流に着くのは秋である。十勝平野では六月〜七月に咲くアヤメの花がマスの花、上川地方にマスが到達するのはエゾヤマハギの咲く九月で、この地方ではこの花をマスの花と呼んでいる)。

○オバナダコ（佐渡相川地方の諺。オバナはススキ、タコはマダコで、ススキが咲くのと沖にいたマダコが磯近くへ寄ってきてタコ漁が最盛期を迎えるのと同時なので言う）。

○サケイチゴが赤くなった。サケがくるゾ（北海道釧路地方の俚言。サケイチゴとは茨イチゴのことで、この果実が熟すころにサケは海から川に入ってくると土地の人は言っている）。

○ヤチハギが散り始めたからサケがのぼってくるゾ（北海道十勝地方の俚言。ヤチハギはホザキシモツケの方言）。

○フキの葉が十円玉くらいの大きさになるとマスは溯ってくる（岐阜県白川村の俚言）。

○卯の花盛りのドウつけ（山形県西置賜郡南小国玉川地方の諺。ドウはマスを漁する施設で、玉川に設ける）。

○雪白カジカ（群馬県利根郡川場辺の諺。雪融け水で川が濁って増水するころ、カジカが産卵の最盛期となる）。

○桜の花が散ると金魚の季節（全国各地の諺。よい気候となって金魚売りの行商の呼び声が聞かれるようになる）。

○藤の花にウグイの仔（宮城県荒雄川の漁師の諺。フジの花時にウグイは産卵に来るので投網漁の盛り時）。

○藤の花盛りがアメノウオの旬（三重県阿山馬野川沿岸の諺。味もよく多漁の季節という）。
○タナゴ花にタナゴ（青森県下北郡尻矢地方の諺。タナゴ花はアズマギクの方言で、この花時がタナゴ漁の最盛期）。
○豆蒔きウグイ（青森県下北郡田名部辺の諺。田名部川にウグイが溯る時が大豆の種蒔きの最盛期で、同時だから）。
○ソバの花が咲くとアユが下り始める（三重県大内山川地方の諺）。
○ブリ起こし（富山湾や能登地方の諺。十一月ころ雷が鳴り海が荒れると、ブリが富山湾に回游してき、ブリ漁の季節となる）。
○富士山の頂に初雪が見えると、富士川の魚は下り始める（伊豆半島西海岸地方の諺。これを見て漁師は簗《やな》の用意を始める）。

昆　虫

○春ゼミが鳴いたら早生小豆の種を蒔け（新潟県小千谷地方の諺。「エゴマを蒔いてよい」とするのは長野県中信地方）。
○カナカナ（ヒグラシ）が鳴くと秋がくる（新潟県の広い地域で昔から伝えられている諺）。
○ツクツクボウシが鳴くと柿が甘く熟してくる（新潟県の広い地域で。熟柿《ジクシ》々と鳴くという）。
○稲刈りトンボ（アキアカネ）（新潟県の広い地域の俚言。このトンボを麦蒔きトンボと呼んで麦蒔きの目安にしている地域もある）。
○タニシの願い立て（長崎県東北部の諺。桃の節句前に大荒れする天気を言う言葉で、この地方では昔から桃の節句にはタニシを拾ってきて料理してお雛様に供え、みずからも食べるのが習慣である。そこで悪天候で川が濁ってタニシが拾えなくなるのをタニシにかこつけて言う言葉）。

○栗蒔きゼミ（山形県東小国地方の諺。このセミはハルゼミのことで、この声を聞いて栗蒔きを行なってきた）。

○ノミの四月にカの五月（長崎県小城地方の諺。いずれも旧暦で、このころノミや蚊が最盛期を迎えるということ）。

○新茶を飲むとノミが出る（宮崎県高鍋地方の諺。新茶が出回るころノミの発生期を迎える）。

○秋ソバの花盛りに赤蜂の巣を採れ（長野県下伊那地方の諺。下伊那地方はハチの巣採りの盛んな地方で、巣内の幼虫も盛んに食べるので、その採り時を示した諺）。

以上、手元にある聞き取り調査のノートや、川口孫治郎氏の労作『自然暦』をはじめ多くの民俗誌などからのメモを中心に、動物の営みと農作業や猟師・漁師の猟や漁撈との相互関係について、語り継がれてきた「諺」を取り上げてみた。後述の「動物と俚諺」を含めて参考にしていただきたい。

全国的にはこの他にもたくさんの「諺」や「俚言」が小地域ごとに、親から子へ、子から孫へと口承という形で語り継がれてきていることであろうと思われる。

日本列島は南は沖縄から北は北海道まで南北に長く、ツバメが渡ってくるのも南の端と北の端では二か月以上も違い、九州では例年三月二十日ごろであるのに、北海道では五月末である。また、標高的にも海岸近くと一〇〇〇メートル以上の高冷地では大きな温度差が知られている。したがってそこの土地に適した「自然暦」はその土地で作られた、そこならではの独特のものであって、他の地方には通用しないものも多いが、それでよいと思う。

先人たちはこのようなことをすべて長い経験の中から知った上で、自分たちの「自然暦」を作り育て、そして伝承してきたのである。

(二)　動物と気象予知

明日は雨が降るか、雨はいつ降るか、雪はいつ降るかなどは、農家ばかりでなく都会の人にとっても身近な関心事である。

天気予知や気象予知は昔から多くの人が、いろいろな方法で試みてきた。そんな中で、空の雲行きと共によく判断の材料に用いられたのが動物で、動物の行動を観察して天気や気象を占うものである。

哺乳類

○猿が里や人家近くへ出ると天気が変わり明日は雨（長野県内の諺。全国的にも同じ）。
○猿が下りてきて鳴くと明日は雨（全国各地の俚言）。
○イタチが出れば天気が変わる（長野県北安曇地方の諺）。

鳥　類

○マオが鳴くと必ず天気が悪くなる（青森県恐山地方の俚言。マオはアオバトの方言、アオー、アオーと気味の悪い声で鳴く）。
○ホウホウ鳥が鳴くと晴れ（新潟県中越地方の諺。ホウホウ鳥はツツドリの方言）。

○ミソッチョが家の近くで鳴くで明日は雪だゾ（長野県白馬山麓や中信地区の広い範囲での諺。ミソッチョはミソサザエ）。
○ミソッチリンが家のそばで鳴くと明日は雪だ（新潟県中越地方の諺。ミソッチリンはミソサザエの方言）。
○ドウが来たすけ天気悪くなるど。ドウが通ると大雪掘り。ドウ雪七掘り。ドウ雪八尺（いずれも新潟県中頸城郡松代《まつだい》地方の諺。ドウはトキの方言で、この地方では大正の初めまでトキが飛来してきていた）。
○ミソサザエが軒端を飛び回ると雪が近い（富山県の下新川郡、黒部市、婦負《ねい》郡などでの俚言）。
○アマ鳥が出たから川越えするな（富山県黒部市田籾の諺。アマ鳥はイワツバメで、急に群れで飛翔するとにわか雨が降り、川は増水するといわれている）。
○アマツバメが出ると天気が変わる（北アルプスの信州側の諺。アマツバメは雨燕で、岳山の崖に集団で営巣している。「出ると」は集団で採餌に里の上空に現われること）。
○ツバメが低く飛ぶと雨が降る（全国的な諺）。
○キツツキのトチの実転がし（秋田では春から夏のころに山に入ると、キツツキのコロロローン、コロロローンという音を聞く。この音を聞くと木こりは、「キツツキのとちの実転がし」とか、「キツツキのとちの実はかり」（トチの実を箕ですくい、袋に入れる時の動作に似る）といって、まもなく大荒れのある前兆だとしてあたふたと山を下りるという）。
○水恋い鳥（アカショウビン）が鳴くと雨が降る（長野県内の広い地域での俚言で、これは全国的に言う）。
○一足鳥が朝群れて洞を出るとその日のうちに雨が降る、夕方群れて出れば明日は晴天なり（熊本県球磨川の鍾乳洞近くの諺。一足鳥はイワツバメの方言）。
○アマツバメが群れ飛ぶから雨になるだろう（和歌山県有田郡の諺、長野県中信地方でも同じ）。

○小鳥が宿へ早く着けば天気がよい、遅く着くと天気が変わる（全国的な諺。鳥類の習性で、雨の日の前日は十分に餌を採るため）。
○山鳥が尾を引いた（青白い火を出して飛ぶ）で天気が変わるゾ（長野県内）。

両生・爬虫類

○大尺鳴いて七十五日（長野市辺の諺。トノサマガエルが九月中旬に一斉に鳴く時があるが、それから七十五日すると根雪になると言っている）。
○アマガエルがはげしく鳴くから雨が来るゾ（全国的諺）。
○ガマが這い出ると雨が降る（長野県北安曇地方の諺。ガマはヒキガエルの方言）。
○ヘビが日向ぼっこをしていれば明日は雨（長野県北安曇地方の諺）。
○ヘビがたくさん出れば天気が変わる（長野県北安曇地方の諺）。

雨模様になってくると，アマガエルは盛んにガクガクと鳴いて伝える

魚・昆虫その他

○魚がとび上がるは雨の前兆（全国的な諺）。
○魚がよく釣れる日の翌日は雨（全国的諺）。
○天気の変わり目には池の鯉が浮き上がる（全国的な諺）。
○ホタルの幼虫が岸に登ってくると大水が出る（富山県魚津地方の諺）。
○アリが行列を作って道路を横切ればやがて雨降らん（和歌山県ほか、全国的な俚言）。

○アリが宿替えをすれば三日の内に天気が変わる（長野県内）。
○蚊のもちつき雨の兆（全国的な諺。「もちつき」は集団で上ったり下がったりを繰り返し行なう動作）。
○夕方ブヨが群れになって騒ぐと明日は雨（長野県中信地方の広い地域での諺。ブヨはブュの方言）。
○雪虫が舞うと雪がくる（長野県木曽福島町の諺。全国的に所々の地域で言う）。
○カマキリが高い位置に巣を作る年は雪が多く、低い所へ巣をかける年は雪が少ない（新潟県ほか、全国的な諺）。
○夜、羽アリや虫がたくさん電灯に集まる時は夕立が近い（長野県下全域の諺）。
○ノミが騒ぐと天気が変わる（長野県下全域の諺）。
○セミが鳴くと雨が降っていても天気が良くなる（長野県下全域の諺。セミはエゾハルゼミやハルゼミ）。
○ハチが高い所へ巣を作る年は雨が多い（長野県中信地方の諺）。
○家の中へムカデが出ると雨が降る（長野県北安曇地方の諺）。
○ミミズがころげ出ると百日の照り（長野県北安曇地方の諺）。
○アリが土を食い出す時は天気が続く（全国的な諺）。
○クモが夕方網を張ると明日は晴れ（長野県北安曇地方の諺）。
○ノミの五月に蚊の六月（長野県北安曇地方の諺）。

以上、気象予知の諺集を見ると、先人たちの、動物の行動や習性についての観察の鋭さに驚く。よくもまあこのように細かく見ているものだと、現在の進んだ科学の目以上の精細な眼指しをもって動物たちの生態を観察し、その観察結果と天気や気象との関係の上にたって諺を編み出し、伝承してきている姿に敬服する。まさにフォークロアの世界であるが、当事者たちはごく自然に、日常茶飯事のこととして別に意識もせずに生活しながら、これらの諺を継承してきたにすぎないのである。

㈢ 小鳥と聞きなし

身近に小鳥たちの囀《さえず》りを毎日聞いていると、その囀りは、人の言葉に直せるか、訳すことができるように聞こえてくる。鳴き声を人の言葉に置きかえたのが「聞きなし」である。より一層親しみを感じるもので、先人たちは多くの聞きなし言葉を残してくれている。それらの言葉の中にはその鳥にまつわる民話や説話などに基づくものも多くある。

「一筆啓上」と鳴くホオジロ（田中宏一郎撮影）

ホオジロ

高木の梢に止まってよく囀る小鳥で、一般的には「一筆啓上仕《つかまつ》り候」と高い声で鳴くとされていて、『物類称呼』（一七七五年刊）にも関東で「一筆啓上せしめ候」と鳴くとある。が、愛知県南設楽地方では「テントニシュマケタ、シンシロイチャ二十八日」と鳴くというし、静岡県の西南部では「ツンとイツツブニシュマケタ（小玉銭五粒と二朱負けた）」と鳴くといわれ、これは長野県の伊那谷まで伝承されている。また鹿児島県の薩摩地方では「オラガトトハ三八二十四（俺が亭主は二十四歳）」と鳴くというが、多分に主観が入った意味ありげな言葉のように思われる。

鳥の声は聞きようによってはいろいろな言葉に聞き取れるもので、「一丁買って頂戴」とか、「いっぱい買うから見つけて頂戴」と聞こえるともいう。

ツバメ

愛知県では「常盤の国では芋喰って豆喰ってべーチャクチャ、クーチャクチャ」と鳴くと言う。柳田国男の『野鳥雑記』には「土喰って虫喰ってしーぶい（渋い）」と鳴くとある。また森俊の調査によると、富山県の北東部の下立では、「べト（土）喰って泥喰って口や甘酸っぱいワー」と鳴くとのこと。

フクロウ

愛知県下の一部の地方では、フクロウの方言はゴロスケで、「ゴロスケ奉公去年も奉公今年も奉公」と鳴く。他の地域でも「五郎助奉公」と鳴くと言う地域は広い。長野県下などでは「糊付けホーセ（干せ）」とか「糊付けホホン」と鳴く。『野鳥雑記』を見ると、千葉県から茨城県の辺では「ゴロット奉公」と鳴くし、栃木県の宇都宮辺では「ボロキチ」、山口県の大島では「ボロキテトーコイ（ぼろ着て早く来い）」、福岡県では「ゴロクソヘーゾ（平造）」と鳴くと言っている。

ホトトギス

この鳥は少しずつ違った多くの民話を持っている鳥で、「聞きなし」もその民話に由来するものが多い。長野県下をはじめ多くの地域で語り継がれている聞きなし言葉は、「オトット恋し（弟恋し）」や「オトットキッタカ（弟切ったか）」または、「ホンゾンカケタカ（本尊掛けたか）」や「ブッチョウカッタカ

（仏頂買ったか）」とか「テッペン（天辺）カケタカ」である。

ところが新潟県の方では、「オトットコロシ（弟殺し）」とか、「オトットツッキッタ（弟つっ切った）」と鳴くというし、能登半島の辺では、「弟恋し掘って煮て喰わソ」、富山県下では、「小豆ァネータカ、餅ァかてたか（小豆は煮えたか、餅は搗けたか）」とか、「トットーオキタカ（おとうさんは起きたか）」などと鳴くという。

いずれもその地方の、この鳥にまつわる民話からの聞きなし言葉である。

イカル

長野県内では「オチビコピー（落彦ピー）」、「ヒジリコキー（聖人子キー）」とか「ミノカサキー（蓑笠キー）」と鳴き、東北地方では「アケーベエキー（赤い着物を着なさい）」と鳴くという。また天ノ橋立辺では「お菊二十四」と鳴くと言っている。しかし筆者にはこの小鳥の囀りは、「キッコイー、菊子いいー、菊子いいかえ」と鳴いているように聞こえてならない。菊子は小学校の同級生で校長の娘、クラスのあこがれの的だったが、若くして他界してしまった女の子だった。

オオヨシキリ

関東地方では「ケケシ、ケケシ」または「ケケス、ケケス」で、静岡県の辺では「キャキャス、キャキャス」と鳴くといい、九州では「ギョギョシ、ギョギョシ」と鳴くという。

長野県下では「ギョギョシカシカシ」または、「べべシカシカシ、オシカラカシテキュッキュッ（べべシ痒《かゆ》いかゆい押しころがしてキュッキュッ）」と鳴くと言っている。秋田県でも「ギョギョジ、ギョギョジ」

だが、津軽半島にゆくと「チョチョジ、チョチョジ」と鳴くと言っている。

キジバト

一般には「デーデーポッポー」または「デデッポッポー」だが、青森県の八戸辺では「テデコーケー（父やん粉を食べて）」と鳴くと、この鳥の民話からの聞きなしの言葉となっている。

サンコウチョウ

一般には三光鳥と書いて、「月日星ホイホイホイ」と鳴くと言われている。しかし関西から関東にかけて、広い範囲で「吉次《きちじ》ホイホイホイ」と鳴くと思っている人が多い。吉次《きちじ》は、牛若丸を奥州平泉の秀衡《ひでひら》のもとへ案内した、金売り吉次のことである。

センダイムシクイ

この鳥は早口に、「チュウチュー一杯グィー」と鳴くが、この声を「焼酎一杯グィー」とか、「四丁五丁ギー」と聞きなしている人が多い。

メジロ

手のひらに乗せてみたくなるような可憐な小鳥のメジロは、「十平、忠平、十平、忠平」と鳴くといわれている。

コマドリ

深山に棲み、渓流の音が新緑の渓間に心地よく響くあたりで声高らかに囀るコマドリの鳴き声は、印象的だ。鳥名の由来にもなったその美声は一度聞くと忘れ難い。たしかに駒のいななきに似ていて、聞きなしの「ヒヒンカラカラー」は納得がゆく。

ジュウイチ

この鳥も名前のように、「十一、十一」と盛んに鳴きながら飛んでいるのによくお目にかかる。

ツツドリ

のどかな春の日に、遠くの里山の辺から「ポンポン、ポンポン」と賞状や免状を巻いて入れる筒の口を、手で打つ時の音にそっくりな音が聞こえてくる。ツツ鳥の声で、この声を聞くとよくもまあこんな名前をつけたものだと感心する。

この鳥の声を聞くと、私はいつも眠気にさそわれる。山にワラビが出、ヤマツツジやレンゲツツジの花が色あざやかに咲く、一年のうちで最も過ごしやすい季節である。

サンショウクイ

ピリピリ、ピリピリピリッ、と高い声で鳴きながら飛翔することが多いこの小鳥を、〝山椒喰い〟とはうまい名前を付けたものだと感心する。「山椒は小粒でもピリリと辛い」と言われるが、この小鳥の鳴き声を聞くと、食べた後の辛さが一層分かるような気がする。しかし山椒の辛さは唐辛子の辛さと違って、五月の青空のようなさわやかな辛さで、いつまでも辛くなく気持ちのよい辛さである。この鳥の鳴き声もさわやかなヒリヒリだ。

(四) 童謡・童唄・はやし言葉・呼び掛け言葉

身近な動物たちと子供たちとのつきあいは、友だちとのつきあいと変わらず、話しかけたり呼びかけたり、ときにははやしたり、唄ったりして遊んできた。それは、古き良き時代の、子だくさんなころの、農山村の普通の姿だった。

昆虫

「夕焼け小焼けの赤トンボ……」と歌われたのは、お盆のころから稲刈りのころにかけて、空を乱舞するナツアカネ、アキアカネ、ショウジョウトンボなど、体色の赤いトンボである。

学校の休みの日に友だちと連れだって、お寺やお宮の建物の軒下の乾いた粉土の所に巣を作っているアリジゴク（ウスバカゲロウ科の幼虫の巣穴）を見つけ、「ハッコ、ハッコ、お茶飲みござれ、ござーれ」とか、「ハコさんハコさん、おらとこへお茶飲みきておくれ」などとはやしたてながら、すり鉢形の落とし穴にアリをつかまえてきて入れたり、穴の底の方に手を入れてすくい出して遊んだりした。「カッコさん、カッコさん……」と呼び掛けている地方もある。このほか長野県内で子供たちが、呼び掛けたりはやしたりして遊んだ昆虫には次のようなものがある。

ホタルについては、「ホー、ホー、ホータル来い。あっちの水はにーがいぞ、こっちの水はあーまいぞ」

これは全国的な呼び掛け言葉であるが、中信地区の一部の地方では「ホッタロ（蛍）こい、乳ょくれる。山ぶきこぉい。宿かせる」などと言っている所もある。

カタツムリについての呼び掛けは、全国的には「デンデン虫虫カタツムリ、お前の頭はどこにある……」の童謡が知られているが、長野県下ではカタツムリはダイロという方言で呼ぶ地方が多く、「ダイロダイロ目ー出せ、われも出しゃ俺も出す。ダイロダイロ角出せ、われも出しゃ俺も出す」などと呼び掛けて遊ぶ。

このほか石垣や垣根の元などに、半地下式の袋状の巣を作り、入口に昆虫をおびき寄せて捕食するジグモと呼ぶクモがあるが、こんな動物とも子どもたちは友だちづきあいをして遊んだ。細い草の茎の先などで、昆虫が近づいたかのように入口をごそごそやりながら、「ジムジム下に火事ゃあるで、上にゃお祭りある、出てこい」とか、「ジモジモ下ァ火事だ、上は火事ゃないで、出ておいで」などとはやし、奥からジグモが入口に顔を出すのを待った。

アリジゴクと呼ばれている，ウスバカゲロウの幼虫の巣の様子

クモではネコハエトリというクモを使った「クモ合戦」が、神奈川・千葉県下などで盛んに子どもたちの間で行なわれた。その試合の時に自分の愛クモを励ます掛け声というか呼び掛け言葉は、「テーキ、テキテキ」だった。

トンボも子どもたちの良い遊び相手だった。「トンボ採り今日はどこまで行ったやら」という俳句のように、遠くまで出掛けて行く子もいた。トンボの飛んでいるのを見つけると、「トンボトンボこの指

上空を輪を描いて飛翔するトビ

とーまれ」と言って人指し指を頭上にかざしたり、止まっているのを見つけると静かに近づき、指先をぐるぐる回しながら、「トンボトンボ目ーまわせ」とつぶやきつつ、素手でつかまえようとしたものだ。

鳥　類

頭の上の大空を、悠然と舞っているトビの姿は、子どもたちを放っておくはずがない。子どもたちはその姿を見ると、「トンビトンビ目回せ、明日赤いじょっこ（草履）買ってくれる」とか、「トンビトンビめお舞って見せろ、明日の晩赤い箱買ってくれる」などとはやし立てたものだ。めおは翼を動かさずに飛ぶ翔び方をいう言葉で、「能舞い」や「神楽の舞い」と同じ所作をいう言葉だとのこと。

富山県阿別当では、「トンビトンビ舞い舞いせー、嫁取ってかち上げる（空高く投げてやるから）」と唄うという（森俊）。

家の近くで毎日見かけるカラスも、子どもたちの遊び相手だった。「カラスカラス勘三郎、親の恩忘れるな」とか、「カラスカラス勘三郎昨夜どこへ泊まった……」などと呼び掛けたり、夕方の、集団を組みつつ寝ぐらへ向かって急ぐ姿を見ると、「カラスカラス後のカラス先になれ先のカラス後になーれ」などとはやしたりもした。

また秋にガンが編隊を組んで大空を通り過ぎて行くのを見ると、「ガンガン渡れ鉤《かぎ》になって渡れ、棹《さお》になって渡れ」とか、「ガンガン渡れ、大きなガンや先に、小さなガンや後から渡れ」などと呼びかけたりした。富山県でも「カリカリ渡れ、棹になれ鉤になれ」と呼びかけた。また初雪が降る頃、家の軒近くをミソサザエの飛び廻るのを見ると、「アー来ーた、雪ァ降ーる（ア、ミソサザエが来た、雪が降る）」と唄った。

哺乳類では、どこの家にも家ネズミがたくさんいて、夜になると天井裏でよく騒いだ。この音を聞くと、「ほれまたネズミの運動会が始まったゾ」と大人たちは笑い、子供たちは「チュウチュウネズミの忠三郎、カラスはカアカア勘三郎」とか「俵のネズミが米喰ってチュー……」などとはやした。またモグラがもっくもっくと畑の土を持ち上げているのを見ると、「モグラもちゃもっくりしょ、杵もってどっこいしょ」などとはやした。

またタヌキについては、学校からの帰り道を友達と、「タンタンタヌキの金玉は……」などと唄いながら帰ったものだ。そのころ全国の女の子たちに流行した手まり唄に、「あんたがたどこさ、肥後さ、肥後どこさ、熊本さ……」というタヌキを詠んだ唄があった。

そのほか田植えのころから初夏にかけては、夕闇がせまって来ると近くの水田では、トノサマガエルやアマガエル、シュレーゲル青蛙が賑やかに鳴き始める。時間を忘れて遊びほうけていた子どもたちは、その声を聞くと、「カエロが鳴くから帰《け》ーろ」などと口ぐちに唄い合って、わが家への道を急いだものだ。

㈤　動物と格言

先人たちが言い残したり、書き残してくれた、動物にまつわる格言を見ると、昔の人たちがいかに動物の習性をよく見、そこからよくも人生訓ともなるべき、格調の高い語録を編み出してくれたものだとつくづく思う。
○二兎を追うものは一兎をも得ず（欲ばってはいけないという戒め）。
○猿も木から落ちる（油断をするなとの戒め）。
○羊頭をかかげて狗肉を売る（いつわったり騙して物を売ること）。
○鹿を追う者は山を見ず（足元も見つめて慎重に行動せよとの戒め）。
○鹿待つところの狸（予期に反した結果のこと）。
○磯のアワビの片思い（一方だけで相手はその気のないこと）。
○イタチの最後屁（最後の苦しまぎれの一発で臭いが強い）。
○兎のワナに狐がかかる（予期に反した結果で大物がかかること）。
○鹿の角を蜂が刺す（まったく問題にならないこと）。
○取らぬ狸の皮算用（捕らぬ前に捕ったつもりで、不確実な事柄に期待をかける気楽さ）。
○イタチ無き間のネズミ（敵がいない間の自由な時間を過ごすこと）。
○猪突猛進（イノシシのように勢いよくまっすぐに進むこと）。
○猪武者（むこう見ずにまっすぐにだけ突走る侍のこと）。
○イタチになりテンになり（手を変え品を変え）。
○イタチ無き間のテン誇り（イタチ無き間のネズミと同じ）。
○鶯鳴かせたこともある（昔の若かりしころを懐古した言葉）。
○あの声でトカゲ喰うかやホトトギス（人は見かけによらぬということ）。
○足元から鳥がたつ（予期しないことが急に起こること）。

○たつ鳥は跡を濁さず（たち去る時はゴミなど捨てず奇麗にとの戒め）。

○鵜《う》の目鷹の目（熱心に物を探すこと、またその姿）。

○焼野のキギス夜のツル（どちらも母性愛の強い代表的動物）。

○キジも鳴かずば撃たれんものを（静かにしていれば被害に遭わぬに）。

○クマ山騒げ、犬山だまれ（犬は狼のこと。どちらも被害防除の仕方で、相手によって防ぎ方は異なるとの教え）。

○シシの肉を喰わぬ内はうまいもの喰ったと言うな（シシは猪・鹿）。

一網打尽に投網による渓流でのイワナ捕り

○遠くのシシより近くの兎（遠くの大物を狙うより近くの小物を狙え）。

○兎耳に鷹の目、犬の鼻（いずれも特別に優れたもの）。

○魚心あれば水心（相手の出方によってこちらの態度も決まる）。

○蛙は口ゆえに蛇にのまれる（軽口を叩くと災いのもとになる）。

○井の中の蛙大海を知らず（世間知らず、見聞の狭いこと）。

○ジャの道はヘビ（その道のことはその道の者がよく知っている）。

○蛇が蚊を飲んだよう（少しも苦にならないこと、たよりにならないこと）。

○鰯の頭も信心から（つまらないものでも信ずる人には尊く見え大切なものだ）。

○飛んで火に入る夏の虫（自分から火に飛び込んで死ぬ自殺行為）。

○盲ヘビに怖じず（物事を知らない者はその恐ろしさも分からない）。
○竜頭蛇尾（初めは盛んだが終わりの振わないこと）。
○鯛も一人はうまからず（美味なものも一人で食べるとうまくない）。
○腐っても鯛の骨（すぐれたものはだめになってもまだ価値がある）。
○飯つぶで鯛を釣る（わずかな元手で多くの利益を上げること）。
○柳の下にいつもドジョウはいない（偶然の幸はいつもあると思うな）。
○水清ければ魚住まず（人格が清廉すぎてもかえって人に嫌われる）。
○亀の甲より年の劫《こう》（年長者の経験的知恵をたたえる言葉）。
○木によって魚を求むる如し（どだい無理なこと）。
○逃した魚は大きい（手に入れかけた物を失った口惜しさは二倍だ）。
○千丈の堤も蟻の一穴から（ちょっとしたことから大事故が起きる）。
○とうろう（カマキリ）の斧をもって隆車に向かう（弱者がかないもしない強者に刃向かうおろかさのたとえ）。
○小の虫を殺して大の虫を助ける（物ごとの逆な愚かさのたとえ）。
○一寸の虫にも五分の魂（小さく弱い者にもそれなりの魂がある）。
○蓼喰う虫も好きずき（人の好みはさまざまでいちがいに言えない）。
○カニは甲羅に似せて穴を掘る（人は力量や身分相応の言動をする）。
○一網打尽（一網で全部を捕り尽くしてしまうこと）。

㈥　動物と俚諺

哺乳類

○キツネにつままれたよう（原因のとんと不明で納得のいかぬこと）。
○キツネの嫁入り（日が照っているのに雨が降ってくる天気雨）。
○サル芝居（なんともおかしな、分かり切った仕草を言う）。
○狸寝入り（眠ったふりをして眠らずにいること）。
○犬猿の仲（仲の悪いもの同士）。
○サルの小便（「木にかかる」を「気に掛かる」に掛けた駄洒落）。
○クマの溜ぐそイノシシのちびりぐそ（猪は歩きながら少しずつする）。
○秋猿は嫁にくれるな（秋の猿は特にうまいから）。
○シシを喰った報《むく》い（悪いことをした報い、罰のこと）。
○冬至山鳥寒兎（山鳥の肉は冬至のころ、兎の肉は寒中のものがうまい）。
○イタチごっこ（果てしない追いつ追われつの追いかけっこ）。
○アセビの花盛りになると猪はたける（発情する。大和や紀伊地方）。
○真竹の竹の子が出るころが子狸の這いまわり始めるころ（大分県玖珠地方）。
○鹿は木の芽の吹きぞめごろから田植え盛りに鹿の子模様に着がえる（東三河）。

ツキノワグマの溜糞

○ホウホウ鳥（筒鳥）が出るとクマも冬穴から出る（福島県只見地方）。
○小麦を刈るころになると猪の巣は見つかる（長野県遠山郷）。
○トウモロコシの実の筒ができるころには仔狸は親狸ほどになっている（愛媛県道後地方）。
○山のイモを食うと猪は太る（冬になり山イモを掘るようになった猪の肉の味は最高になること。大分県三国峠地方）。

鳥　類

○イスカの口の食いちがい（ものごとがくい違って思うようにならぬこと）。
○野梅が満開になるとカモがいなくなる（福岡県八女地方）。
○浜千鳥（イカルチドリ）は若アユが溯上してくると鳴き始める（福岡県、筑後川の恵利の井堤の辺）。
○ミツバツツジが咲くと苗代に来るキリ雀（カワラヒワ）の番をしなくてはならぬ（島根県隠岐地方）。
○ナシの花盛りにはキジが笛にかかる（福岡県八女地方の猟師の諺）。
○木の芽が出始めるとウソが来る（大分県湯の平他。ウソはアトリ科の小鳥）。
○ブナの芽が出たからアオバトが来るゾ（福岡県八女地方）。
○キジは寒中、山鳥は木の芽ころが旬（味の良さを言う。広島県東城地方）。
○ヨシキリは祇園様のお祭り（旧六月十五日）から口が裂けて鳴かなくなる（佐賀市の辺）。
○モズの高鳴き七十五日（七十五日すると初霜が降る、長野県松本地方）。
○モズが高鳴きするようになるともう台風は吹かぬ（長崎・熊本・和歌山県地方）。
○ツワブキの花が咲き始めるとカモが群れで渡って来る（福岡・和歌山県地方）。

○鴨がネギを背負って来た（幸運が二重に重なる喜び）。
○カラスのいけ栗（忘れやすいたとえ。いけ栗は栗の実を土中に埋めておくこと）。
○鳶に油揚げさらわれた（予想しないできごとが起こってガッカリするさま）。
○鳩が豆鉄砲くらったよう（突然のできごとにたまげること）。
○鳥を喰うともドリ喰うな（ドリは肺臓で、昔は有毒とされていた）。
○闇に夜ガラス不思議を唄う（夜鳥が鳴くと異変がある。長野県内）。
○ドウ（トキ）の屁のような男（色・燗）（はっきりしない例。新潟県松之山地方）。
○秋の鷹げ（蹴落とし）は三里返っても拾え、春のものは拾うな（長野県中信地方）。
○秋の鷹落としは千里返っても拾え、春の鷹落としは足元にあっても拾うな（山梨県南巨摩地方）。
○秋の蹴落としは三里追っても拾え、春の蹴落としは三里隔てて歩け（岐阜県吉城郡宮川村）。

両生・爬虫類

○蛙の子は蛙（凡人の子はしょせん凡人だ）。
○蛙の目借り時（晩春に蛙が盛んに鳴いて眠気を催す時）。
○蛙の行列で向こう見ず（蛙の目は横に付いていて前方は見えないから）。
○蛙の面《つら》に水（まったくものごとに動じないこと）。
○へビが出るとキジの味がまずくなる（紀伊半島一円で）。
○蛙鳴蟬噪《あめいせんそう》（うるさくやかましく鳴くものの代表）。
○藪蛇（藪を突いて蛇を出す。よけいなことをすること）。

○蛇足（蛇を描いて時間が余り足まで描くことで、むだなこと）。

魚類

○渇《け》飢《かち》鮭に豊年鱒（サケは気温の低い年によく溯上し、鱒は逆に気温の高い年によく溯上する習性をもつ魚）。
○桜の花盛りの五月マスが最もうまい（岐阜県白川地方）。
○桜イダ（ウグイ）（隠岐島や福岡県八女地方の言葉。桜の咲くころ群れで産卵にくる）。
○雪代が出始めるころカジカは卵を産む（全国各地）。
○アジサイの咲き始め時が姫マスが最もよく釣れる（岩手県八甲田山麓地方）。
○サケは銚子限り（太平洋沿岸では、サケの溯上が見られるのは北から利根川までであることからの諺。「酒は銚子限り」に通じる）。

昆虫その他

○尻切れトンボ（途中で終わり、それから先が無いこと）。
○鐘を蜂が刺す（まったく役に立たぬこと、効き目のない無駄ごと）。
○スガル乙女（蜂のようにヒップが大きくウエストの細い美女）。
○新茶を飲むとノミが出る（宮崎県高鍋地方。新茶の出る五月は暖かくなりノミも出る）。
○春蟬の鳴きて茶の芽の香りかな（ハルゼミの鳴くのと新茶は同期）。
○山椒の芽が出始めるころのタニシがうまい（紀伊半島辺）。
○ホトトギスのさなかに田植えし、カナカナ蟬の鳴くころ盛んに育ち、ミンミン蟬の鳴くころにやや熟す

（山形県最上郡東小国地方）。
○虫がつく（大事なものに虫がついてきずものにすること。娘にも）。
○蚊の鳴くような声（蚊の羽音のような聞きとれないわずかな声音）。
○蚊の涙（ごくわずかな量のこと）。
○クモの子を散らすように（アッという間に一斉にいなくなること）。
○トンボ返り（トンボが水辺を行ったり来たりするように、行き着いたら用事をすませてすぐ帰ること）。
○泣き面に蜂（悪いことが重なって起こること）。
○蜂の巣をつついたよう（手のつけられないような騒ぎ）。
○アブ蜂捕らず（骨折り損のくたびれもうけ）。

二　農作物へ害を与える動物たち

㈠　害虫（獣）と天敵

農作物の主なものには、稲や麦、大豆、小豆などやソバ、ヒエ、アワなどの穀類、野菜類の他にジャガイモ、サツマイモなどのイモ類、大根、人参などの根菜類がある。またリンゴ、ナシ、ブドウなどの果樹類もある。

これらは栽培生育の途中で、茎や葉を虫に食われたり、収穫間近になると、ノウサギ、シカ、イノシシ、タヌキなどの獣や、鳥の食害に遭うことが多い。特に山の中での焼畑が多かった昔は、獣たちによる被害が多かった。

このような状況の中で、農家の人たちはこれらの害虫、害獣、害鳥から、農作物の被害を守る法として、まず天敵を大事にし、次いでは神頼みをし、最後の手段としてこれらではどうにもならない場合に人為的手段を用いて撃退駆除した。

以上のように、農作物を被害から守ってくれるすぐれものは、まずは天敵である。以下にその状況を述べる。

鳥類

キャベツや菜の葉などを食べるモンシロチョウの幼虫、稲の葉を食べるツトムシ、泥虫、イナゴ、ヨコバイなどの昆虫やその幼虫を主食としているのが、ツバメやセキレイ、ムクドリ、スズメなどの小鳥類だ。スズメは稲も食べる害鳥だが、ツバメやセキレイ、ムクドリなどは昆虫だけを食べている鳥なので、農家の人はそのことを知っていて、これらの小鳥を昔から大切にしてきた。昭和の初めに農林省が行なったスズメが雛に与える餌の調査があるが、八〇〜九〇%までが昆虫で、その八〇〜九〇%が農林業の害虫であった。

農家の人たちは、これらの小鳥が家の玄関や軒下に巣を作って糞を落としたり、屋根や軒裏に穴を開けて巣を作っても、いやがらず、暖かい目で見守ってきた。持ちつ持たれつの、そこには共存共栄の世界があった。

フクロウも農家にとっては大事な鳥だった。フクロウは夜、家の回りや畑や田の畦に出るネズミを、毎晩何匹も捕ってくれた。ネズミは穀類を食べるほか、土蔵や家の壁に穴を開けたり、水田の畦に穴を開け水もちを悪くするなどいろいろ害をする。そこで農家では、家の前や畑や田の畔の「はぜの立木《たてぎ》」をフクロウのために抜くのを止めて残しておいて、かれらが毎晩この木に止まってネズミの番をしてくれるようにしたものだ（丁寧な家では杭の頂に馬の沓などをつけてやった）。

両生類

蛙の仲間も農作物の害虫の、ニカメイチュウ、ヨトウムシ、テントウムシなどを、一日に一五〜二〇匹ほど捕食するといわれているから、全体では大変な数になり、農業への貢献度は大きい。しかし昨今は圃場整備により乾田化が進んだり、生産調整で転作や放棄田が増え、水をたたえていない水田が多くなり、蛙の棲所が激減している。

哺乳類

最初に述べたように、哺乳類の多くは農作物の代表的加害獣である。草食獣や雑食獣がそれで、そんな中にあって肉食獣だけは農作物に被害を加えないばかりか、作物の加害獣を捕食するので、その面では益獣である。

その代表的なものとして、昔から知られているものにオオカミがあった。本州にいるものはニホンオオカミで、北海道にはエゾオオカミがいた。ニホンオオカミは焼畑の作物を食べに来るノウサギ、シカ、イノシシ、タヌキなどを主に襲う肉食獣であったから、農家の人からお犬様と呼ばれ、神または神の使いとしてあがめられた。

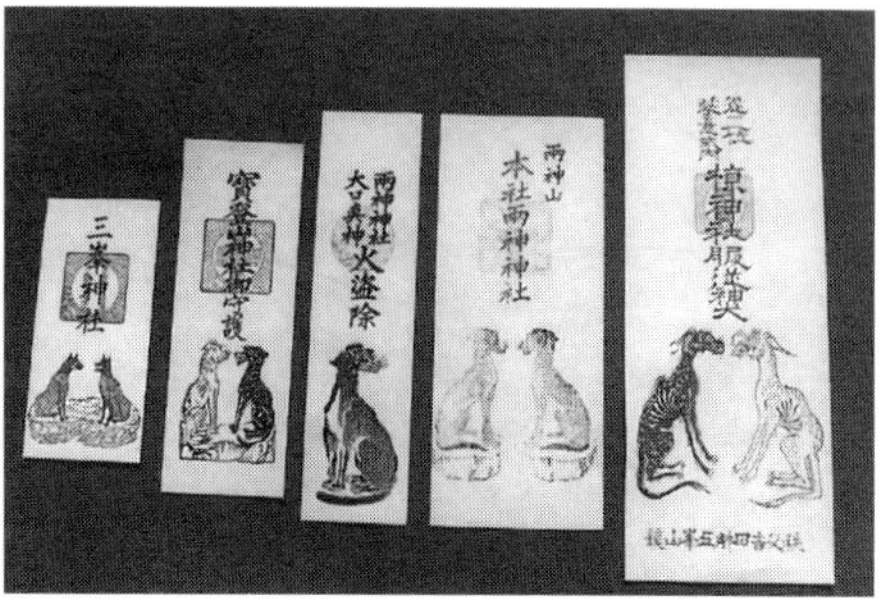

農作物のあらゆる被害を防除・駆除してくれる，オオカミ信仰にもとづく三峰，宝登山，両神の各社のお札

しかしオオカミのほとんどは明治の初めには絶滅してしまったから、ノウサギやシカ、イノシシの農作物荒らしは一層激しいものとなった。そこで人びとはオオカミを祀る神社の加護により、これらの動物からの被害を防ごうとした。

オオカミを眷属として祀る神社仏閣は、秩父の三峰神社や静岡県の山住神社をはじめ全国にたくさんあり、火難、盗難除けや農作物の害獣除けなどに霊験あらたかだと、農家から厚い信頼を受けている。たとえば秩父の三峰神社では、信者による三峰講が関東を中心に四〇〇〇団体もあり、各団体は毎年代参をたてて本社へ神符を受けに行き、講員全戸分のお守りを受けてきて各戸に配り、各戸ではこれを神棚や玄関に貼り、一年間のご加護を願った。

しかしこれでは満足しない農家では、本社からオオカミの分身をお借りしてきて、田畑を害獣から守ってもらうようにした。このような分身をお借りしてくるのは、神様のお使いであるオオカミが、本当に昔は役に立っていたからである。オオカミがいた当時は、そのくらい加害獣たちをやっつけてくれていたのである。

今に残る語りぐさに「オオカミ落とし」または「犬落とし」とか「おちか（落ち鹿の略）」と呼ぶ、オオカミの食べ残しのシカなどをよく拾ったという話が全国各地にある。オオカミの食い残しを「オオカミ落とし」と呼ぶのは奈良地方などで、関東から中部・北陸地方では一般に「犬落とし」とか簡略に「おちか」と呼んで、これがあるとまずカラスがその上空で騒ぐので、それと分かり、拾いに行ったものだという。

㈡　農作物への被害と駆除の状況

⑴　哺乳類

イノシシとニホンジカ（以下シカという）

農作物の被害で、最もひどかったのは猪と鹿による被害で、これには昔から農家の人たちはほとほと困り果ててきた。

放置されている林の木を伐り倒し、乾燥させて焼き、その肥料のある数年間雑穀を作り、地力が落ちると放棄して次の場所へ移る、という焼畑農業が多かった昔は、山の動物たちによる食害に悩まされ通しだった。

このような被害が文書に多く見られたり、防除・駆除対策がとられるようになるのは一七〇〇年前後からである。

長野県では伊那谷方面が昔から猪や鹿の特に多い地方である。ここでは畑にアワ、ヒエ、ソバ、大豆などが熟してくる九月二十日前後になると、例年猪や鹿による食害がひどくなるので、一坪（三・三平方メートル）程度の小さな番小屋を建てて、二人ずつ交代で勤務し、一晩中威《おどし》鉄砲や「ばったり」や鳴子をガランガラン鳴らすなどして、害獣を防除し続けた。

威鉄砲は、猪や鹿（両者を一括してししと呼んだ）を威嚇する鉄砲で、「玉込不レ申猪鹿《しし》おどし筒」として藩へ届出所持許可をもらったもので、音がするだけの、実弾を入れることのできない空鉄砲だった。

元禄二（一六八九）年から享保元（一七一六）年のころの伊那郡の山村の鉄砲所持の記録を見ると（向山雅重『続山村小記』五頁）、村数七六村の鉄砲六六六挺のうち、猟師鉄砲が三四七挺、威筒三〇一挺、用心筒一八挺で、威筒がそうとうな数であったことが分かる。

青森県八戸市根城《ねじょう》小学校の近くには、「猪飢渇による供養塔」が建っている。この塔は寛延三（一七五〇）年に建てられたもので、翌寛延四年には根城の観音様の境内に、「悪獣退散祈願碑」も建てられている。

このころ八戸辺では猪が増え、田畑を荒らして困っており、藩でもときどき猪鹿狩りを行ない害獣の駆除をしていたが、焼石に水のようなもので、捕獲数は結構多いのに、総体数が多いため、あまり効果はなかったようだ。ちなみに、藩に残る猪鹿狩りの記録を掲げてみると（遠藤公男『盛岡藩御狩り日記』二五一頁）、

寛延二（一七四九）年二月二十六日から七日間で猪八〇四頭。同年十二月には猪四四六頭捕獲。
明和五（一七六八）年三月三十日、猪五一一頭、鹿一一三頭捕獲
安永二（一七七三）年二月八日、猪鹿合わせて一四八四頭捕獲

などがある。

ところで寛延二年から三年にかけては、この地方は近年にない天候不順が続き、冷害で作物が実らず、猪も餌不足で大あばれし、収穫皆無で大飢饉となって、八戸領では三〇〇〇人の餓死者が出た。それで翌年には前記したような死者の霊を慰める供養塔が建てられ、その翌年には人びとから悪獣とされた猪退散を願う祈願祭が行なわれ、豊作を祈って石碑が建てられたのである。切羽詰まった民衆の思いが感じ取れる碑文である。

長崎県の対馬は、元禄年間の総人口は三万二〇〇〇人ほどの島だったが、ここでも農民は猪の食害に毎年悩まされていた。

例年収穫期を前にして、猪の狼藉は眼にあまるものがあり、人びとは畑の周囲に柵を立てめぐらし、夜を徹して番をしたが、風雨の夜などは柵を破って侵入し、見るもむざんな姿に作物は食い荒らされるのであった。

このような状況の中で、陶山と平田の両奉行は意を決して元禄十三（一七〇〇）年、全島の野猪の全面撲滅に着手した。時はちょうど五代将軍綱吉が生類憐みの令を出して、動物の殺生虐待を禁じた時で、実行には命がけの思いで当たったという。

まず全島を九つに区分し、各村ごとに村人を動員して犬を使い追い出して鉄砲で撃ったり、柵を作って他へ移動しないようにして、九年の歳月を費し、ついに全滅にこぎつけた。この間に動員された人員は三〇万人、捕えた猪は八万数千頭に達したという。

手塩にかけて数か月育てた作物を、収穫を前に一夜にして猪に食い荒らされた無惨な姿を見る農民の切ない気持ちも分かるが、ことごとく追い詰められ、絶滅に追いやられた猪にも、「鎮魂碑」を建ててやりたい。

香川県の小豆島でも農民たちは猪の狼藉にほとほと参って、これを防ぐために土塀を造ったり、石を積んで張りめぐらした「猪門《ししもん》」と呼ぶ猪垣を寛政二（一七九〇）年から作り始め、明治に至るまで対処してきたが、明治になるとこの島に豚コレラが流行し、ここの猪はこれにかかって明治八（一八七五）年に全滅してしまった。こんな例はごく珍しい。

イノシシが農作物を食い荒らす悪獣として知られ、農家の人たちから嫌われたのは、日本列島の北から南まで全国の広い範囲である。神奈川県秦野市外の丹沢周辺部でも、「嫁に行くなら猪のいない所へ行きたい」という言葉が、昭和四十年代までまだ残っていた。

イノシシの狼藉の仕方であるが、村里の田畑よりも、収穫間際の山畑の雑穀を、夜陰に乗じて荒らしにくるものが多かった。飛騨地方の江戸末期の状況を書いた地誌『斐太後風土記』に載っている、大野郡小鳥郷の猪害の防除の様子を転記すると、次のようである。

イノシシが牙ですくうように土を掘り起こし，土中のミミズなどを採食した跡

山畑の夜守

三郡深山の村里並べて……本田畑よりは焼畑の雑穀の作毛多ければ、初秋穂の出づる頃より山中に小屋を掛けて、老人児等に家を預けおき、村中の男女おのがじし、山畑の小屋に一人宛別れ行て、夜々守り、かかしを立て、夜もすがら鳴子を引き、猪笛（桐の木をもって作る火吹き竹の如し）を吹き、板等を打鳴らし、休まず声を揚げて猪を驚かし逃げ去らしむ。焼畑多く小屋数も多き山にては、遠近の夜守の男女ところどころにて鳴物を鳴らし、互に声をはり上げ呼び交す故、初秋より暮秋穀物を刈上るまでは、なかなかに山小屋は賑いて村里はさびし。夜守の者、小屋でよく眠ればそれをうかがい猪来て、作毛を食い荒らす故、終夜すこしも怠らず声を上げ、鳴物を鳴らして猪を追うことの……辛苦、思うても憐むべきことなりけり。

猪は夜行性の動物だから、日中はその姿をまず見かけないが、しとしとと秋雨が降り込める薄暗い日などは、昼間のうちから群で現われて作物を荒らし回ることがあるから始末が悪い。

それに雨の夜となると猪の暴れ方は一段と激しく、被害もそれに比例して大きくなる。だから雨の夜のしし追い作業は実に大変である。しし小屋は入口の戸もない粗末なもので、夜風がそのまま入るので寒さもきびしい。しかし布団にくるまるなどして体を暖めたらすぐ眠ってしまう。するとほんのわずかな時間の間に作物は彼らに食い荒らされ、いままで何十日も懸命に番をしてきた努力もむなしく水の泡と消えてしまうことになる。まったくやりきれない気持ちになる。

猪が畑荒らしを始めるのは、大豆を蒔く葉桜のころからで、種豆が土中の水分を吸ってふくれてくると、もうその匂いを嗅ぎつけてやってきて、鼻や牙を使って土を掘り起こして食ってしまう。

猪は大豆の葉が大きくなってきても、先の柔らかい部分を食べるし、さやに実ができてくるとこれをねらって集団でやってくる。小豆、ソバやヒエ、アワなどの穂物も同じで、山畑だけ見ても百夜は番をしないと一晩で食い荒らされてしまう。

この他に山田があると、田植えが済むともう鹿がやってきて植えた苗を食ってしまう。秋の収穫期近くの二百二十日ころになると、本格的なししによる食害を受けるシーズンの到来である。

猪が水田に着くと、まず前肢で稲を抱きかかえるようにして幾茎もの穂をまとめ、これをかかえ込むようにして口にくわえて液汁を吸い飲み下し、かすは吐き棄てる。

こんなことを休まずに次から次と繰り返す。山の中の水田は山端から水がさし込むので皆湿田で、乾田と違って土が柔らかいから始末が悪い。水田一面の稲は掻き回され踏み潰され、見るもむざんな姿となり、猪に荒らされたことがすぐ分かる。

埼玉県でも猪の被害は大きく、江戸時代に編纂された『新編武蔵風土記稿』の秩父郡大滝村の項には、猪や鹿による被害について次のように載っている。

夜な々々、板木を打或は声をあげて、猪鹿を防ぐこと風雨といへども怠らず、其艱難知るべし……かかる猪鹿の多ければ六組の内には、上より渡りし猟師筒と四季打鉄砲と合せて四、五十挺もありしとなりと云、されども猪鹿喰い荒らしもあればとて、下畑下々畑半免の上貢を納めしとなり。

猪や鹿の食害はひどく鉄砲四、五十挺をもってしてもこれを駆除することができず、そのため畑の納税の等級も最低の「下々畑」であったが、それを半額に減免してくれていたという状況であった。

長野県でも木曽西駒ヶ岳東山麓の上伊那郡宮田村や松本の南の片丘などは猪の被害が特に激しく、そのため〝猪喰免〟といって租税を免除された所もある。また八ヶ岳山麓の原村などでは被害があまりにも激しいので、もうここには住めないと、ムラをあげて他所へ引越して行った所さえある。

威鉄砲にかかる費用もムラにとって馬鹿にならない金額だったようだ。次の文書は筆者が住む地方の「組」(現在の郡くらいの組織)の、江戸時代末の「猪鹿威鉄炮拝借書」の控である。

文化五辰年十二月

猪鹿威《おどし》鉄炮永拝借帳

大町　組

差上申一札之事

一、鉄炮　百弐拾五挺

内

二挺　宮本村　一挺　丹生子村　一挺　木船村

一挺　座光寺村　一挺　松崎村高橋佐兵衛

六挺　大町村　六挺　野口村　七挺　借馬村　五挺　大平村
拾挺　切久保新田　五挺　大塚新田　二挺　野平新田
（中略）
右者私共村々近年猪鹿其外畜類発出致諸作を荒し牛馬をも痛甚難儀仕候ニ付鉄炮拝借仕畜類威度候
依之書面之通永拝借仕度幸願上げ候御慈悲を以御取上筒拝借願仰付（中略）
一　鹿威鉄炮　　八拾弐挺
一　用心鉄炮　　　六挺
一　猟師鉄炮　　　七挺
一　年限鹿威鉄炮　九拾四挺
鉄炮〆百八拾九挺

ここは降雪があり、冬は寒く、昭和から平成の初めころまでは猪も鹿もまったく生息していなかった地方であるが、昔は結構生息していて、農作物に被害を与えたようだ。長野県でも猪による被害の大きい伊那谷方面のムラでは、さらに多くの威鉄砲と、それに携わる猟師がいて、猟師の給金や弾薬代として各ムラでは年々多くの費用を必要とした。例えば長岡村での享和二（一八〇二）年の威鉄砲の費用は四三貫一四八文で、村の総費用の四五％に達し、威銃《おどし》に要した日数は一七七日だったという記録が残っている（『箕輪町誌』三編　近世、一〇〇四頁）。

猪の一番の好物はサツマイモである。この畑についたらもうありったけ食い尽くすまでは他へ動かないと言ってよいだろう。どんなに追っても隙を見て執念深く通ってくる。だから被害の多い村ではもうサツマイモ作りをあきらめた所さえある。

猪はサツマイモは芋ばかりでなく、蔓や根も好んで食べる。芋を掘り採った畑の土中に蔓や根が残っていると、これを食べるために畑の土をレーキのように牙を立てて鋤き返し掘り返すからたまったものではない。来春用の麦を蒔いても、そこがサツマイモ畑だった場合は、芋の根を探して掘り返されるから麦が育たなくなる。

猪・鹿の防除・駆除法いろいろ

以上のような農作物への被害にほとほと参った農民たちは、これら害獣の防除や駆除につきいろいろな方法を考え出し、試みてきた。その概要はすでに述べてきたが、やり方や名称は地区によって多少の相違があった。

まず大まかな区分けとして個々が行なうものと、地区やムラなど集団で作ったり行なうものがある。個々が行なうものは畑一枚単位の小規模なもの。一方、集団で行なうものは猪垣《ししがき》（猪土手《ししどて》、猪堀《ししぼり》わち、堀わち）と呼ぶ幅一・八メートル、深さ一・八メートルほどの堀を、焼畑の山側の縁に沿って延々と掘り、掘った土を盛り上げてそこに柵を垣根状にめぐらし、猪の進入を防ぐようにしたもので、大変な労力を必要とした。

猪垣は、下部が里につながる山腹に、焼畑が連続して続いている場合に共同で作るものであり、一方の個々が行なうものは山奥の村で、焼畑が点々と山の中に散在している場合である。

それでは長野県の伊那谷を例にして、個々が行なう防除・駆除法から見てみよう。

①声や音で追う

すでに述べたように、山の中の焼畑や田の畔に番小屋を作り、ホーイ、ホーイと夜通し声を上げて追ったり、畑の向こうから綱を小屋まで張って、これに鳴子や空缶をぶら下げ、時々引っぱってガラン、ガランと鳴らす。また谷川の水を引ける所は、ドウズキ、トンキラ、バッタリ、ガッタリ、ドッサリなどと呼ぶ、水を利用して遊具のギッタンバッタン式の動作をさせて音を出す装置を作って脅したり、拍子木や板木を打って脅したりした。

②火や臭いで追う

獣は火を嫌い、臭いに敏感な動物なので、松明《たいまつ》をたいて回って歩いたり、煙が出て臭いの強い青葉やヨモギなどを燃したり、女の人の髪の毛や、ぼろに石油を染み込ませて燃やして吊っておく「カコ」などと呼ぶ法も行なった。

また猪の皮を切ったり、はらわたを瓶に漬けて腐らせた臭いのを木綿ぼろにしめらせて棒に吊るして畔の方々に立てるなどして駆除する法も行なわれた。この臭いによる撃退法を、伊那谷では「クタシ」と言った。

猪垣の名残りを示す土手の遺構（長野県上伊那郡箕輪町上古田正善寺裏）2001 年撮影

③落とし穴とオスによる捕獲

猪も鹿も必ず通る通り道がある。これを「ウツ」という。このウツへ径一・二メートル、深さ三メートルくらいの土穴の落とし穴を掘り、底には落ちた獣が腹を刺すよう竹槍をたくさん立てておき、上は分からないように藪や草でふさいでおく法や、長さ五メートルくらいの太い丸太九本を格子状に組んで、上に重石をたくさん載せて下に餌を置き、猪が来てこの餌を食べると重石の載った格子が落ちて猪は圧死するという仕掛けになった「オス」というもので捕ったりした。

④鉄砲による捕獲

これは最も確実で端的な駆除法で、江戸時代は生類憐れみの令があってなかなか捕獲することがままならず、威鉄砲で脅すしかできない時代もあったが、明治以降は猟師に依頼したり、猟師も生業として猪や鹿を撃つようになった。

⑤神頼み

伊那谷では猪鹿の被害を防止するため、前述したように、あらゆる手立てを施してきた農家が多い。が、それとは別に講を組織し、神頼みをしているグループもある。これらの農家は昔から山住様や三峰様を信仰し、毎年代参を立てて神符をもらいに行くほか、熱心な農家はそれではまだ満足せず、直接迎えに行って眷族の「お犬様」を借りてきてお祀りし、田畑の番をしてもらっている。

山住様は静岡県周智郡水窪《みさくぼ》町にある山住神社であり、三峰様は、埼玉県秩父郡大滝村にある三峰神社のことである。

長野県に近い、岐阜県揖斐《いび》郡徳山地方の猪害とその防除の様子について古老に聞くと、明治のころまでは生息していて、いたずらをして困ったらしい。山畑での被害が多く、秋にはそこに番小屋を作って夜通し法螺貝を吹いて追ったり、竹槍を作って畑の縁に立てたりした。また火をたいて煙を出して脅したり、女の人の髪の毛や臭い木の葉をいぶしたりして防除したようだとのこと。

また愛知県南設楽《したら》郡の様子について、早川孝太郎の聞き書きを見ると、ここでも猪の食害はひどく、山田を持つ農家は秋になると彼らの襲撃を防ぐために、竹の先を尖らせた「ヤトウ」というものを幾十本も作ってこれを猪の通り道のウツへ立てて侵入を防いだり、猪一匹捕ってくれたら酒一升お礼するからと、猟師に頼んで撃ってもらったりしたという。

次に集団で造って猪の耕地への進入を防除した「猪垣《ししがき》」について、長野県内のものから見てみよう。長野県は高山や山脈の多い、〃山国〃と呼ばれている土地柄である。したがって山畑が多く、それにともない動物たちも多く棲んでいた。裏や後が山地につながる集落ではどうしても耕地は山手に多く、猪や鹿の生息圏内かその近くにあるので猪や鹿害が多く、さらにこれが平野部につながっている場合は際限なく農作物への被害が発生し、その防除にどの地区の農民もほとほと困っていた。特に伊那谷や遠山谷地方では猪や鹿が他地区より多く生息していて、その被害も大きかった。

そのような被害の中で、農民たちは集団で猪や鹿の被害から耕地を守ろうと、十七世紀になると「猪垣」造りが共同で行なわれるようになり、十八世紀にかけて盛んに構築が進められた。

長野県内には記録に残るものとしては、五キロメートルを越える大規模な猪垣が七か所築造されている。その概要を、調査研究された自然保護研究所の研究員浦山佳恵さんの報告書をもとに表に示す。

この表に載せた七か所の「猪垣」の総延長は、一〇三・五キロメートルに達する。これらの猪垣は県内に分布する猪垣の主なものだが、この他にも小規模なものは、上伊那郡の飯島町や下伊那郡の平谷村とか木曽の王滝村や東筑摩郡朝日村などにも見られ、これらを含めると、有名な四国の小豆島の猪垣の総延長一二〇キロメートルに匹敵する膨大なもので、築造に要した労力や年月は大変なものだったろう、と想像される。

ところで猪垣、猪土手などと呼ばれる猪や鹿の防除施設の構造であるが、大きく分けて三つに区分できると思う。
①猪垣の初期のものと思われる構造で、幅・深さ共に一・八メートルほどに耕地の山端の土を、空堀状

長野県内の主な猪垣

猪垣の位置	名称	市町村名	猪垣の長さ	構築年	構造
鉢伏山・高ぼっち西山麓	猪土手	松本市 塩尻市	28km	1720年以前	土の空堀と木柵
木曽山脈北東山麓	猪垣	辰野町 箕輪町 南箕輪村	20km	1688年以前	土の空堀
八ヶ岳西麓	猪垣	茅野市 原村 富士見町	16km	1734年	土の空堀と木柵
木曽山脈南東麓	猪垣	高森町 飯田市	16km	1688年	同上
戸隠・牟礼山麓	猪土手	戸隠村 長野市 牟礼村	10km	1708年以後	同上
木曽西駒ヶ岳東山麓	猪垣	伊那市 宮田村	8 km	1741年以前	同上
須坂市山麓	シシ除け石積	須坂市	5.5km	1789年以前	石積垣

復元された猪垣と土手．出入口の木戸が見える（長野県塩尻市，県林業センター内）

に掘りつなげただけの簡単なもの。

②一般に猪垣と呼ばれるもので、土を掘る深さと底幅は①と変わらないが、掘った土を盛り上げた頂に、猪や鹿が侵入できないように、木柵を施したもの。

木柵は図1のように、長さ一・二メートルの丸太杭を三〇センチ間隔に細かく打ち、これを支えるよう横にも二か所丸太を通したもの。この木柵は猪垣が続く限り延々と、川や道も横切って設けたので、山への出入り口には〝木戸〟と呼ぶ開閉のできる戸口を設け、川の所には〝水門〟を設けた（前ページの復元した猪垣の写真参照）。

木戸の開閉は山に出入りする者の責任において行なう厳重な習慣があったようで、特に夕方山から最後に帰る人は、木戸の戸じまりをしっかり行なってわが家に向かった。そんなことから、今でも各地にそのことにまつわる言葉が残っている。たとえば、飯田市では会合や集会に遅れてきた人を「木戸閉《た》て」と言い、子どもたちは「後から来る者トータチブンブ」などとはやす。辰野町でもこのような人を「戸閉《た》て山人《やまんど》」と言ってひやかす（長野県では戸を閉めることを戸をたてると言う）。

③近くで手ごろな自然石が大量に入手できる所では、図のように石垣状に高く石を積んで、猪の侵入を防ぐ法をとった所もある。しかしこの例は小豆島や滋賀県、長野県では須坂市で例を見るくらいで、あまり数は多くない。

次に延々と幾十キロも続く猪垣を、人びとはどのようにして造ったか、どれほどの労力が必要だったかを見てみよう。

上伊那郡宮田村に残る古文書によると、同地方には文化五（一八〇八）年までは各集落ごとに別々に造った短い猪垣があった。もう古くなっていたし、これでは猪の侵入を防ぐ効果が薄いので、この壊れか

図1　猪垣・猪土手・猪堀の図

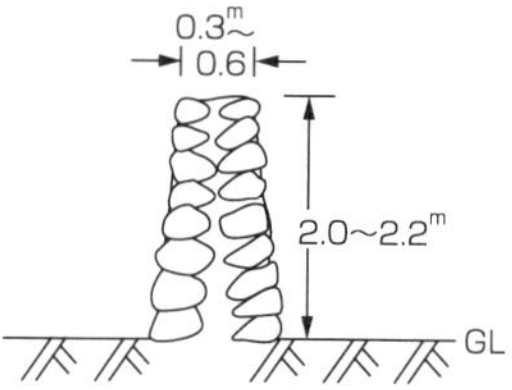

③石積みによる猪垣

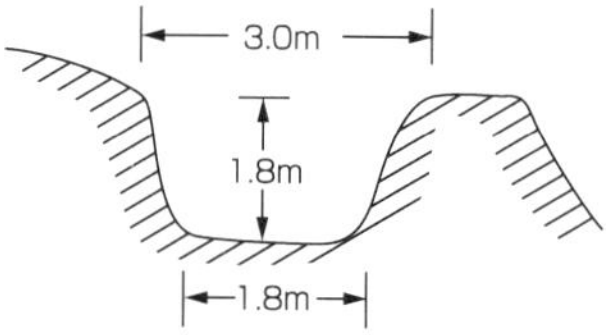

①猪土手・猪堀の図

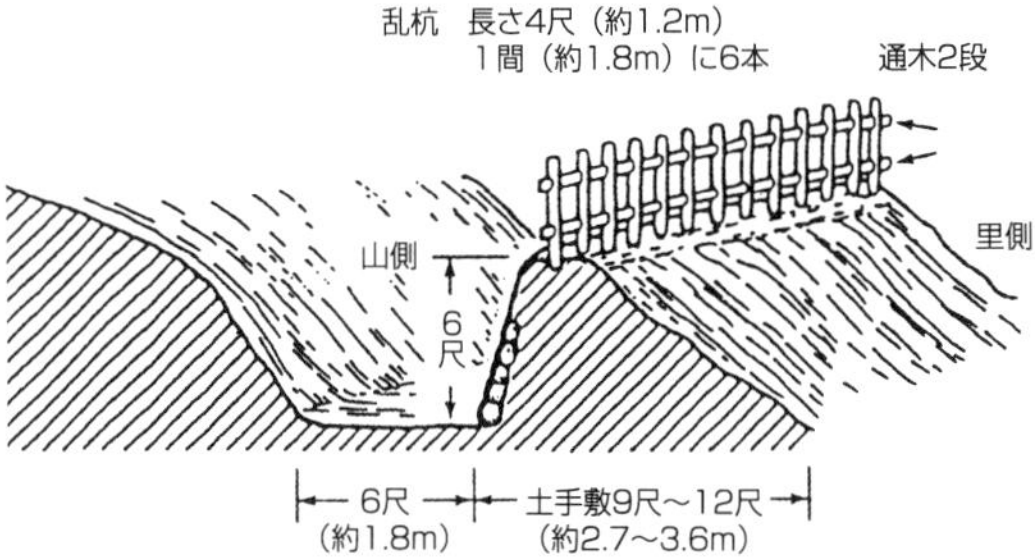

②猪垣の図

けたり、分断状態にある猪垣を修復し、連続した六キロに及ぶ猪垣にすべく、新しい垣を間に造る工事が行なわれた。

まず諏訪形村が北割、南割、町割村に話をもちかけ、次いで中越、下牧、表木、赤木四か村に話しかけて同意を得、合計八か村の共同作業として築造工事が行なわれた。古い猪垣の修理も含んでの工事であるが、それでも六キロメートルの猪垣を造り上げるのに七五七〇人の労力と、杭一万九五六〇本、通木六五二四本他を要した。

以上が長野県内に見られる「猪垣」の概要である。他県のものも大同小異と考えられるので省略する。

このように各地で造られた猪垣だが、江戸末期から明治になると、猟銃の性能がよくなり、高い狩猟圧を受けたり、豚コレラの流行や多雪化傾向による食糧難など、いろいろな要素が重なって、猪や鹿の生息数は極度に減少してゆき、猪垣の遺構だけが残るかたちとなった。そこで近年は、これらの猪垣の遺構を持つ市町村の多くは、市町村誌の編纂にともない、これらの遺構を史跡として文化財に指定し、手入れをしたり復元したりして残してゆく方向にある。

このように、明治の中ごろから昭和末期にかけては、猪や鹿は極端に生息数を減らし、農作物への被害話も農家からほとんど聞かれなかったのであるが、昭和五十年代になると、あちこちで猪による被害が再び聞かれるようになった。

昭和五十九（一九八四）年の秋には、大台ヶ原の麓の三重県多気《たき》郡宮川村では、サル、キツネ、アナグマなどと共にイノシシがサツマイモや落花生畑を食い荒らす被害が多く出た。人びとが古タイヤを燃やしたり、夜通し電灯をつけておいたり、雀おどしの爆音を鳴らすなど、いろいろな方法で防除をしても、一週間もすると慣れてしまって効果がなくなる。またトタン板で周囲を囲っても飛び越したり、下の土を掘ったりして侵入し、まったく手におえないと新聞にも載った。

このような被害は平成になるとさらに激しくなった。長野県を例に上げると、イノシシが水田を踏み荒らしたり、野菜や果樹を喰い荒らす被害額は、平成三（一九九一）年は六三〇〇万円だったが、同十二年には二・五倍の一億六三〇〇万円にのぼった（信濃毎日新聞社調べ）。しかもイノシシによる被害は、今まで被害のなかった雪の多い地方にまで広がってきているのが特徴だ。

シカによる農林業への被害も平成六年ころから急増し、平成十二年には同六年の二・五倍の四億五〇〇〇万円に達し、シカもイノシシと同じように、雪の降る地方にまで見られるようになってきている。長野県林務部の調べによると、ニホンジカの県内の生息数は、平成になってから十年間で三倍に増えているという結果が出た。

シカは山村の畑に出てきて、植えたばかりのネギやイモ、大豆の苗を食い荒らし、周囲に電気柵を施しても飛び越えて入ってくるという。平成十三（二〇〇一）年にはニホンジカは高層湿原で知られる尾瀬ヶ原にまで生息域を広げ、名物のミズバショウを食い荒らす被害まで出て問題となった。

ニホンザル（以下サルという）

サルが農作物を食い荒らして被害が出ている、などという話は昔から聞いたことがなかった。

サルは医療制度が普及する前は、婦人の血の道の特効薬として、頭や産仔の黒焼きが高価で取り引きされ、猟師のよい収入源だった時代もあった。しかし医療制度が普及し、医療技術や新薬が開発されると、サルを薬にすることもなくなり、人間に近い動物ということで、撃ち捕る猟師もなく、サルは次第に生息数を増やしてきた。

そして昭和五十年代になると、あちこちで農作物などのサルによる被害が聞かれるようになった。今まで山奥に棲んでいたサルが、人里に現われるようになった。その原因は生息数の増加ばかりでなく、太平洋戦争後、盛んに奥山の広葉樹林を伐採して、針葉樹の植林をするようになり、奥山に彼らの餌がとぼしくなったことも原因の一つのようだ。

昭和五十八（一九八三）年六月、長野県のスキーで有名な志賀高原の渋温泉の商店街で、店先に並べておいたバナナ、リンゴなどの果物や白菜、キャベツなどの野菜を、サルが四～五頭現われて盗んでゆくという事件が頻発し始めた。調べてみると同町の角間、金倉地区では昭和五十四年から約三〇頭の集団ザルにより、農作物が荒らされ始め、毎年常習的になっているとのこと。これらのサルは、初めのうちは大声を上げただけで逃げて行ったが、最近は人を怖がらなくなってきているという。

昭和五十八年九月には、同県大町市常盤地区の西山麓から松川村にかけてでも、三〇〜六〇頭のサルの集団が現われ、収穫間近の稲やリンゴ、小豆や大豆を大量に食い荒らされる被害が出た。前年までは猟友会に依頼して空砲で威すだけで効果があったが、人が近づくと一度は逃げるが、姿が見えなくなるとすぐまた出てきて食い始めるようになり、小豆などは全滅で、お手上げの状態だと新聞でも報道された。

翌五十九年十一月四日付の『中日新聞』は、「荒らされる収穫の秋、人と獣の知恵比べ」という見出しで、愛知、滋賀、石川、静岡、岐阜の各県などの、獣による農作物の被害のすごさを伝えた。その中でサルによる被害につき、愛知県北設楽地方では、五月に、栽培しているシイタケが出ると、サルは二〇頭くらいの群れの、合計六〇〇頭ほどでこれを食べに現われ、シイタケを食い荒らし、秋にはクリ、カキ、稲、大豆などを荒らしに現われるとのこと。

滋賀県伊香郡余呉町の山間部もサル害に泣いている地区の一つだ。ここのサル害は昭和五十年ころから出始め、稲穂をしごいたり、ジャガイモを引き抜いたりで、手に負えない状態。

富山県下新川郡朝日町の農家では、六月末から七月をピークに、約二〇頭の群れが、サツマイモやジャガイモの畑を荒らしに頻繁に出、畑の周囲に垣根を張ったり、畝に直接網をかぶせて防いでも、効果はほとんどなく、荒らされてしまうとのこと。サルとの知恵くらべで、どっちが知恵者か分からないと、農家の人は嘆いていた。

平成四（一九九二）年一月二十七日夜のNHKテレビは、「東京都下のサル」について放映した。都内にも北多摩地方の山村近くに四〇〇頭ほどのサルの集団がいる。サルは杉などの植林で広葉樹がなくなり、餌を求めて里へ現われるようになった。ジャガイモの熟す時期にはジャガイモをめがけて、ビワの実の熟す時にはこれにつくというように、手当たり次第に農作物を荒らしに、三時間も歩いて奥山から出てきて

ニホンザルによる農作物への被害の多さを報道する新聞記事（平成13年と14年）

いると報じている。

　このようなサルによる農作物の被害は年と共に日本列島全体に広がりつつあり、サルの生息数もどんどん増え続けている。

　平成十一（一九九九）年七月、長野県林務部が発表した県内のサルの生息数は、六〇〇〇から九〇〇〇頭、群れの数は一一〇から一六〇で、さらに増え続けているとのこと。そして平成十三年六月十四日付の『信濃毎日新聞』は、ニホンザルによる農作物被害額は、野菜や稲を中心に少なくとも全国で八億五〇〇〇万円に上る、このうち長野県は一億二四〇〇万円で、都道府県別では全国一位であると報道した。

　近年になると、いままでサルのいなかった雪国にもサルが棲みつき、農産物ばかりでなく、庭先の柿の木について実を食害したり、軒下に干しておいた吊し柿が全部被害にあったり、お墓に供えたお供え物が全部食べられるなど、目も当てられない状態となってきている。

タヌキ

　タヌキによる農作物被害も、昭和五十年代から聞かれるようになった。長野県北安曇地方の、山間地に農地を多く持つ、八坂、池田、小谷の各村では、昭和五十八（一九八三）年九月、タヌキによるトウモロコシ畑の被害が目立った。収穫間近となったトウモロコシが、夜間めちゃめちゃに倒されて食い荒らされ、ネットやトタン板で囲っても、地面の際を掘って侵入するので対応しきれないと、農家はぼやいていた。

その後他の町村でも、山手の集落では、秋になるとタヌキによるトウモロコシの食害が聞かれるようになった。タヌキも生息数を年ごとに増やしてきたのである。でもまだ他所のできごとで、まさか自分の家の畑にまで被害が出るとは筆者は思ってもいなかった。

ところがである。平成十四（二〇〇二）年七月下旬のことだった。わが家の庭のトウモロコシ畑が、一夜にしてタヌキに荒らされた。庭の畑だから早稲種六株だけだったが、もう二日ぐらいで採れるかなと思っていた矢先のことだった。孫たちに送ってやる予定で妻が作っていたものである。

トウモロコシの茎が押し倒され、むざんにも実は皆なくなっている。探してみると、生垣の角の人目につかないところに、皮をむかれ、実をきれいに食べられ、芯だけが六本並んで置いてある。タヌキは一本ずつここへ運んできては食べたのである。

わが家は、国道から三〇メートル入っていて、百戸余りの住宅がある集落の中に位置する。昨年までは一件もタヌキによるトウモロコシの被害がなかった。今年（二〇〇二年）が初めての被害であり、わが家だけでなく隣の家も翌晩やられていた。隣家ではわが家の被害を聞いて、ネットを張りめぐらして囲っておいたのであるが、そのネットの下をくぐり抜けて侵入した跡があるので、カラスではなくタヌキの仕業であることがはっきり分かった。

タヌキはトウモロコシが好きである。昭和三十年ころも山の中の農家から、裏手が山に続くトウモロコシ畑ではタヌキの被害に遭った話を聞いたことがある。しかし、国道端の畑がタヌキの食害を受けたという話は、今まで聞いたことがなく、今回が初めてだった。それだけタヌキが増え、餌を求めて住宅街にまで入り込んできているのである。その後、奥手のトウモロコシ畑も被害に遭った。

こんなわけで、タヌキによる農作物への被害はどんどん増え続けており、農村も都会もいたるところで

カラスとタヌキによる食害を防ぐためネットでしっかり囲った庭のトウモロコシ畑

タヌキ族は、したたかに種族を殖やしているようだ。

アナグマ

アナグマもタヌキと同じくトウモロコシが大の好物。襲い方や手口もタヌキとよく似ている。そのうえ姿形や大きさ、毛の色までよく似た動物なので、ムジナ、マミなどと呼んでタヌキと混同している地方も多い。

両者の主な違いは、タヌキはイヌ科でイヌに似て肢は長いが鼻先は短く、体毛は綿毛が長く濃褐色で、自分で土穴は掘らない。アナグマはイタチ科で肢は短く口先は尖り、手はモグラのようにスコップ状で土穴を掘るに適す。体毛は短く綿毛はない。

どちらも夜行性で、人目にふれることが少ないので、農家の人は昔から農作物荒らしの主を混同してきた面もある。しかしタヌキに比べてアナグマは生息数も少なく、主として里山に住んでいるので、畑荒らしも山畑に限られている。

ノウサギ

ノウサギは山野に棲む小形の草食獣で、山の中や山際の田畑を荒らす憎い動物であると共に、身近で素人にも簡単に捕獲できる手ごろな獣として、海の遠い山国では貴重なタンパク源として、昔から人びとに親しまれてきた動物である。

ノウサギは主として里山や原野に生息していて、常には草を食べているが、畑に栽培する大豆、小豆や大根の葉などを食べてその味を覚えると、柔らかくて美味であるので、ここから離れられなくなる。また秋にはこれらの実や、山田の稲に付いてこれを食い、その味を覚えると、ここからも離れられなくなる。そうすると被害は日ごとに増え、農家の嘆きは大きくなり、放っておけなくなる。

このようなノウサギの食害を防ぐ法として、昔から農家が採用してきた法に、①かご状の檻、②くくりわな、③とらばさみ、の三つの方法がある。いずれも防御というより駆除捕獲法である。防御兼食用としての目的も兼ねたものであった。

①の檻は、岐阜県古川町戸市などで昭和三十年ころまで行なわれていた。木片を割ったものを組んで小鳥のかご状のものを作り、ノウサギがよく出没する山畑に仕掛けた。構造はクマやサル用の檻と同じで、中にウサギの好物の餌を、仕掛けた板の上におき、ウサギが餌を食べようとこの板に乗ると入口の戸を持ち上げていた紐が板から外れ、戸は自動的にその重みで落ちて閉まり、ウサギが外へ出られないようにしたもの。

②のくくりわなは、太さ二十番くらいの細い針金で、ウサギが首を突っ込むと自動的に輪が締まって首をくくるような、伸縮自在の輪を作り、これをウサギが出没する山の畑や田の畦やウサギの通り路で、手ごろな立木のある所を探し、その梢《こずえ》先に仕掛けて捕獲駆除した。

立ち木は生きた木で、直径五〜一〇センチの、たわめれば弓のようにしなって曲がり、手を放すと元の姿に戻る弾力のある若い木を利用する。しかもこの木は、ウサギが下りに向かっていつも通るような場所に生えていることが大事で、このような条件にかなった適当な木を見つけて、わなを仕掛けるのがこつ。

わなを仕掛けるにはまず、立ち木をたわめてみて、たわみ具合と跳ね返る強さを測り、次にこのたわませた先を、ウサギがわなに掛かって暴れるまで、たわんだままでいるよう、押さえておく股棒《また》を伐って作る。これで準備はOK。

わなのセットはまず、立ち木をウサギの通り路に向けてたわませ、先端（梢の部分）が地面に接するようにし、これが少しの反応でも跳ね返るよう、先端を押さえて股棒を地面に挿す。これができたら針金のわなの端を梢部分に結び付け、輪の位置を、ウサギが走ってきてこの輪に首を突っ込むよう、輪の下端を地面から一〇センチくらいにセットして作業は完了。

こうして仕掛けられたわなに、ノウサギが走ってきて首を突っ込むと、そのショックで立ち木の梢は跳ね上り、輪はキュッと締まってウサギは首を締められたあげく、宙吊りとなってぶら下がる。このくくりわなは簡単にできるので、全国各地で広く行なわれていた。

③のとらばさみ法は、これを用いて猟として動物を捕るには、甲種の狩猟免許が必要だが、山の田や畑の作物が目も当てられない状態に食い荒らされると、そんなことばかり言っていられない。で、農家は最終手段としてとらばさみを使って駆除することもあったという。

しかしノウサギによる被害は、いままで述べてきたイノシシ、ニホンジカ、サル、タヌキなどによる被害に比べるとそれほど大きなものではなく、マスコミに取り上げられたこともなかった。生息数が少なかったからかというとそうでもなく、冬になると人家の庭先にまで、雪の上に夜間跳び歩いた足跡がついているのがよく見られたものだ。

ところが平成になると、途端に彼らの足跡が雪上から消えてなくなってしまった。駆除や狩猟圧によるものでなく、野兎病と呼ぶ伝染性の寄生虫病がノウサギの間に蔓延して、数年の間に絶滅に近い状態にまで自然淘汰《とうた》された結果によるもののようだ。

野ネズミとモグラ類

野ネズミやモグラ類も農作物に被害を与える小形哺乳類である。農耕地やその付近に棲み、農作物を食害する、野ネズミと呼ばれているネズミの中心はハタネズミである。ハタネズミは田の畦や畑の中などに穴を掘り、長い坑道を作って途中幾か所かに逃げ口を作って生活するので、水田では水持ちを悪くし、畑では果樹や作物の根を切ったり弱らせたりして被害を与えるほか、秋には稲の穂を噛み切って運んだり、穀類の熟す時期にはこれを食べ、冬は果樹などの根元の皮をかじって枯らせてしまうなどの被害を与える。

またアカネズミは耕地から低山に棲み、生息数の多い野ネズミで、地下にトンネルを作って棲み、クリ、クルミ、ドングリなどの木の実を中心に草の実や昆虫も食べ、農作物も食害する。

これら農作物を食害する野ネズミ類の駆除については、昔はタカ類やフクロウなどの天敵が多くいて餌として捕ってくれた。農家ではフクロウに捕ってもらうために、庭先にフクロウの止まり木をわざわざ立てていた家もあった。しかし近年は天敵も少なくなったので、行政でやるようになった。防除駆除作業は広域でやらないと効果が薄いので、太平洋戦争後は農業共済組合が中心になって資金を出し、早春のまだ餌の乏しい時期に、一斉に薬物による駆除を行なっている。

耕地を荒らすモグラには、関西方面に棲むコウベモグラと、関東以北に棲むアズマモグラがある。どちらも朝早くの日の出前とか、夕方暗くなるころに、畑の土をもっくもっくと持ち上げて起こし、作物の根を切って枯らしたり、弱らせてしまう被害を与える。その被害は結構大きかったようで、小正月の行事に、「鳥追い」と同様「モグラ追い」という行事があって、正月からその防除の予行が行なわれてきた。

昔からモグラ除けには畑に笹を伐ってきて立てればよいとか、風車を立てると効果があるなどと言われたり、市販のモグラ除けの機械も売られているが、あまり効果がなく、困っている農家が多い。

⑵ 鳥類

トキ

今では国際保護鳥の指定を受け、絶滅が心配されているトキ。日本の野生のトキが絶滅となって、かつて水田の一番の害鳥といわれていた鳥も、幻の鳥となってしまった。

トキは江戸時代には北海道から九州にまで広く棲んでいた。八代将軍徳川吉宗の時世の一七三五年に編纂された『諸国産物帖』にそのことが載っている。おそらくこのころは数百万羽はいただろうと推定されている。明治の中ごろまではまだまだ結構各地にいて、いたずらをしていたらしい。

家老が藩の雑事を永年にわたりこまごまと書き綴った『盛岡藩雑書』を参考に書いた遠藤公男著『盛岡藩御狩り日記』には、トキが水田の害鳥だった記録が二か所に載っている。その一はこの『雑書』から拾ったもので、

元禄十五（一七〇二）年七月三日、花巻の万丁目通りにトキ、コウノトリ、カラス、クロガモ（カルガモ）多く、植えたばかりの田んぼにさわる。鉄砲で撃って下さいと百姓どもが願うので、足軽のうち、鉄砲を使える者に撃たせるように申しつける。

というもので、その二は、盛岡藩の分家にあたる八戸藩の記録で、『八戸市史二』に収載されている。

延宝七（一六七九）年六月二十九日、長苗代の代官から、水田の苗をトキが踏むので、毎年の通り鉄砲鑑札が欲しいとのこと、四丁の鉄砲を許す。

というもの。場所は今の青森県八戸市で、そのころは水田のまわりは広大な湿地だった。宝永三（一七〇六）年にも同じような百姓の陳情が出ているという。

昔の田植えは今よりずっと遅く、「中《ちゅう》を中《なか》にとって植えろ」という諺があった。「中」とは気節の一つ

の「五月中気」で、今の六月二十日前後に当たる。このころになると湿田では、アカガエルやヒキガエルのオタマジャクシも大きくなっていて、ドジョウなどと一緒にこれをついばむ鳥が多く、これらの鳥は湿田では土が泥状で軟らかく、トキ、カラス、サギなどの体重のある鳥は、歩くと足が泥の中に埋まってしまうので、なるべく沈まないよう、植えた苗の上を歩く習性がある。彼らが歩いた後は苗が皆泥の中に埋まってダメになる。そんな苗は全部植え直しをしなくてはならないから、二重の手間がかかり大変だ。トキが一番数も多く、害鳥の中心だったようだ。

新潟、秋田、長野県などに今も残っている、小正月の行事の一つに「鳥追い」というのがある。これは水田の害鳥を追いはらう予行行事で、子どもたちが「鳥追い」の歌を唄いながら、羽子板などをたたいて鳥を追い払う真似をしてムラ中を歩くもので、昔日の面影を残している行事である。その「鳥追い」行事の歌の文句に、トキが詠み込まれているものがある。秋田、新潟の両県ではトキはドウと呼ばれていた。

　おらがいっちにっくい鳥は　（俺らが一番憎い鳥は）
　ドウとサンギと小スズメ　（トキとサギとスズメだ）
　おって給え　田の神　（追い払って下さいませ田の神様）
　ホーイ　ホーイ

（新潟県小千谷市大崩）

小千谷市の南隣の中魚沼郡十日町の歌も、最後のはやしが「ホンヤラホーイホイ」と違うだけで、他の文句は同じである。

　一番一番憎い鳥は
　ドウとサンギと小スズメ
　押して歩くカモの子

立ち上がれ　ホーイ　ホーイ

と、南魚沼郡大和町の歌も、トキ、サギ、スズメ、カモが詠まれている。また北魚沼郡堀之内町のものも、

ドウとサンギと小スズメと
柴を抜いて追ってった
佐渡が島まで追ってった

内容はほとんど前出のものと同じで、トキが一番の水田の害鳥だったことをうかがい知ることができる。

筆者の住む北アルプス山麓の白馬村神城も、昔は強湿田地帯でドジョウとタニシがたくさん採れることで有名だった所で、低い山を

剝製のトキと巣の復元展示
（新潟県佐渡市佐渡博物館）

一つ隔てた隣の美麻村からは、大正十年代に撃たれ、剝製となったトキが二羽（捕獲年は別）記録・保管されている。この湿田一帯もドジョウやタニシの好きなトキが生息していたのではないかと思い、佐渡の新穂村などのトキが棲んでいた地形、植生、自然と農耕や人家の状況などをつぶさに視察に行ってきた。

その結果、小規模な棚田が山間に続く佐渡と郷里がよく似ていることが分かった。私の郷里では、水田やはぜ木に掛けた稲のスズメを追う時などによく、「ドー」と大きな声を上げ、手を叩いて追うが、この害鳥を追う「ドー」という言葉と、トキのドウという方言と関係があるように思えてならない。

また自宅近くの赤松の大木のある山を「ドーかく山」とか、湿田地帯の沖を「ドーぶけ」とムラの人たちは昔から呼んでいるが、「ドーかく山」はドーが巣をかける山、つまりトキが営巣する山。「ドーぶけ」はトキが雛をふやかす（温め育てる）所という名残りの地名ではないかと思えてならないが、どんなもの

だろうか。

サギ類

田植えをしたばかりの水田に入り込み、苗を踏みつけて泥の中に埋めてしまう鳥の仲間に、アオサギ、ゴイサギ、コサギ、ダイサギなどのサギ類がある。

これらのサギは魚を中心に、両生類の成体とオタマジャクシ、ザリガニ、水生昆虫なども食べ、集団営巣する性質があるので、近くに棲み始めると水田の被害は大きくなる。

サギ類はいずれも体重が二キロ以上あるので、足が泥中に沈まないよう、苗を踏みつぶして歩くから始末が悪い。昔は湿田が多く、いつも田に水を張ってあり、フナ、ドジョウ、オタマジャクシなどが多く棲んでいたから、これを捕りにサギはやってきた。

植えた水稲の苗は、泥の中に踏み込まれると、窒息して死んでしまうので、植え直しをしなくてはならない。農家の被害は甚大である。効果的な駆除や防除法はなく、見張りをして追い払うか、鉄砲で撃つしか手はなかった。

カモ類

新潟県内の「鳥追い唄」の中には、害鳥としてカモが詠まれているものがある。

農作物に被害を与えるのは、主にカルガモとマガモで、秋の収穫時にたわわに実った稲穂が畦にたれ下がっていると、これを脱穀機にかけたようにきれいに食べてしまう。またはぜに掛けた稲束の最下段も、同じような被害に遭う。

これらは主に草の実などを主食としているカモで、夜間や朝の夜明けごろに餌をあさる習性をもっていて、夕方暗くなるころになると餌場にやってくる。田植えをしたばかりの水田に、カルガモが子どもを連れて泳いでいることもあるが、これによる被害は秋の被害に比べると問題になるほどではない。

カラス

カラスも水田や畑作物の害鳥として知られている。カラスが水田に被害を及ぼすのは田植えをしたばかりの苗が幼い時で、トキやサギと同じく、オタマジャクシやタニシを採りに入り、足が泥に沈まないよう植えた苗の上を歩く。で、苗は泥中に埋まってしまうから、農家にとって被害は大きい。

実ったイネに群がるスズメの大群（田中宏一郎撮影）

畑作物に対するカラス被害は近年特に問題となっている。カラスは雑食性で、都会でも、各家庭から袋に入れて夜間に出した生ゴミを、朝方襲って中身を食いちらかして問題になっているが、農村では畑のイチゴが熟し始めるとこれに付いて食い荒らし、トマト、トウモロコシが熟しかけ、明日は採ろうかと思っていると、夜明けにこれに付き、突っついて食い荒らすなど、際限なくいたずらをして農家を困らせている。

昔も、カラスは今と同じくらい、人家近くに棲んでいたが、今のように畑作物を食い荒らすようないたずらはしなかった。世の中変わればカラスも変わるものなのだろうか。

スズメ

スズメは最も身近な小鳥で、子どものころから、しかも一年を通じて十二か月ずっと見つづけてきている鳥である。春から夏は野菜の害虫の青虫を捕る益鳥である。

スズメが農作物に被害を与えるのは、秋に稲が熟すころから収穫が終わるまでの間である。秋になり稲が熟してくると、いつの間にか、スズメたちは集団でこれを食いにくる。一羽のスズメが食べる量は少なくても、五〇羽一〇〇羽となって集団で食べると馬鹿にならない。

そこで農家では案山子《かかし》を作って立てたり、水田の周囲に糸や網を張ったりして防除するほか、雀おどしなどの空砲を鳴らしたり、蛍光塗料のテープを張るなど、いろいろ方法を考えて防除に努めている。

⑶　両生類

両生類で直接農作物に被害を及ぼす種は、後述のヒキガエルだけである。ただカエルの仲間の全体に言えることだが、直接被害は及ぼさないが、水田に産まれた卵はやがてオタマジャクシになり、これが水田を荒らすサギやカラスの餌になり、間接的ではあるが、農作物被害の手助けをしていることになる。

ヒキガエル類

西日本に棲むニホンヒキガエルも、関東以北に棲むアズマヒキガエルも、桜の花が終わり、ススキの芽が出始めるころに、産卵期となる。昔の水苗代の種蒔きは遅く、このころだったから、山際に水苗代を作るとよくヒキガエルが、これは良い産卵場所だと、苗代の中をこね歩き、せっかく蒔いた苗間を台無しにしてしまうことがままあった。

⑷ 昆虫類

水稲や畑作物の栽培は、人類が安定して食糧を得て集団生活を営み、文明や経済を発展させるもとになる行為であった。しかし、他方では人の手による自然破壊の第一歩であり、植生や動物相の変化を招き、農業害虫の誕生を促した。

イナゴ

蝗、稲子などと書き、稲の葉を食う害虫として知られている。卵で越冬して六月に孵化、八月に成虫となると盛んに稲や禾本科《かほん》の植物の葉を食い、稲刈りのころに最も被害を与え、霜の降るまで食い続ける。昔から特別な防除法は行なってきておらず、神頼みや「虫送り」行事で対応してきた程度である。

イチモンジセセリ

イネツト虫（稲苞虫）チマキ虫（粽虫）などと一般に呼ばれる蝶の一種。年に三～四回発生し、幼虫は稲の葉を食い、数枚を集めて苞状に食い寄せ、昼間はこの内に隠れている。そのため出穂期になっても穂が出ることができないので被害は大きい。主として田植えの時期の遅い（六月中～下旬）稲に集中して発生するので、田植えの時期が早くなった今はあまり被害例を聞かない。

特別なよい防除法がないので、手で葉苞と共に押しつぶし、葉を一枚一枚に離して駆除してきた。

イネドロハムシ（稲泥負虫）

一名ドロムシ（泥虫）とも言い、水稲の一番草のころに年一回発生し、成虫・幼虫ともに集団で稲の葉を表面から葉緑素を吸い取るような形で食害し、吸われた葉は緑色がなくなり枯れたようになる。幼虫は自分が排泄した泥のような糞の中に棲んでいるので、小さい泥の塊りのように見える。

原始的な駆除法は、水田に十分水を張り、オニグルミの葉付きの枝を二メートルくらいの長さに伐ってきて、これで虫を払い落とす。また、市販のトタンでできた浅い箱に、柄の付いた用具で葉を左右に払って、虫をこの中に捕り、処理するなどの法がとられた。

ウンカ類

ウンカの仲間には通称ヨコバイと呼んでいるツマグロヨコバイやイナズマヨコバイ、それにアキウンカと呼んで秋に大発生することのあるヒメトビウンカ、セシロウンカ、トビイロウンカがある。ウンカはいずれも四〜六ミリ程度の小さな昆虫で、成虫・幼虫ともに口吻《こうふん》で稲の葉や籾の養液を吸い取り、稲を衰弱させる。

ツマグロヨコバイとイナズマヨコバイは、主として苗代や出穂前までの稲葉について、その養分を吸い取る。その他のウンカは秋ウンカと呼ばれ、稲の出穂前後から秋にかけて発生、何年に一度かは大発生し、空が暗くなるほど飛来して稲に害を及ぼすことで知られている。愛知県碧南市などで大正十年、昭和二年に大発生し、農家に大きな被害が出た記録がある。

次に畑作物に対する昆虫の加害状況の概況について述べる。

モンシロチョウ（紋白蝶）

大根や野沢菜、杓子菜、キャベツなど、アブラナ科の野菜の葉に卵を産み、孵化した幼虫はこの葉を食い荒らし、大きな被害を与える。〝青虫〟と呼ばれるこの虫は、これといった有効な駆除法はなく、毎日見回っては見つけ次第に手ですりつぶす程度で対応してきた。農薬が発売されるようになってからは、農薬を散布したり、蝶が近づかないよう全体をネットで覆うなどするようになった。

カブラハバチ（かぶら羽蜂）

春蒔きの野菜類の、収穫最後のころになると、急に黒色の幼虫が集団で葉を食べ、数日にして葉を網のようにしてしまうことがある。カブラハバチの幼虫による食害である。これは昔から〝菜の黒虫〟と呼ばれ、これがつくともう収穫をあきらめるしかなかった。

ヨトウガ（夜盗蛾）

幼虫は名前のように夜行性で、黒褐色をして体長三センチ前後、昼間は苗の根元の土中にもぐって隠れていい、夜になると地上に現われ、茎の根元を食い切ったり葉を食い荒らす。一般に〝ヨトウ虫〟とか〝根切り虫〟と呼んで嫌っている。

朝見ると植えたばかりの苗が、根元から食いちぎられているから植え替えるしかない。根元を掘ると、ごろごろしたのが出て来るので、拾って踏みつぶして駆除した。

以上が農作物に対する動物の主な食害例と、その防除駆除法の概略である。昔は昨今のような科学的な駆除・防除法もなかったから、人の力を中心に行ない、それでも防ぎきれない時は神頼みで神に祈ったり、お札をもらってきて貼るなどした。

害獣に対する防除・駆除は、先にも述べたように、山住様や三峰様などに頼ってきた。また害虫に対する防除・駆除は、中部地方では長野県の戸隠神社に頼る人や地域が多かった。

北アルプス開拓の父とも言われる、W・ウェストンは、明治二十七（一八九四）年八月に白馬岳に登ったが、その帰路姫川沿いに大町へ向かう時に、今の白馬村塩島で水田に立てられたお札を見たときのことを、その著書『日本アルプス登山と探検』に次のように書いている。

「森《モリ》（塩島《シオジマ》ともいう）で姫川の谷間は広々とした水田に打ち開けている。神秘的な文章の書いてある小さな紙旗が、あたり一面に突き刺してあり、風に飜っているが、これでまだ熟さない米を害虫の攻撃から避けられると人々は思っている。虫除《ムシヨ》けと言われて、これ等の呪物は、長野（善光寺）近くの有名な寺の戸隠山《トガクシサン》から買って来るのである。」

この「小さな紙旗」は害虫防除のために「戸隠神社」から買ってきて立てた「お札」で、当時の農村の風物と、人びとの心情がよく描かれている一文である。

三　貢進・供物・上納物と動物

㈠『延喜式』に見る動物たち

『延喜式』は平安時代中期の延長五（九二七）年に完成した法典で、全五〇巻から成っている。

ここには神社や寺院へのお供え物から始まり、祭りの時の飲食物、公式の客寄せ時の飲食物や諸国から貢進の「諸国年料供進」「年料別貢雑物」「交易雑物」や、税の一種「中男作物」から、中央で必要とした食材や薬の材料に至るまで、細かく記載されている。

内容を見ると、神饌・食材としての魚介類はもちろん、山菜や漬物、紙、布、毛皮から、むしろ一枚、笠一個に至るまで微細に書き上げられていて、この上納を割り当てた国名も載っているので興味深い。割り当てられた国名があるということは、その国が割り当ての物品を多く産し、良品が多く、納めやすいからで、つまりその上納物の産地として有名な国であることを物語るものである。またこれらの上納物を納めるまでには、それに携わる多くの専門職がいたことも忘れることはできない。

では、そこに載っている物の中から動物について拾い出し、考察を試みたい。

巻一の「神祇」の項には祭りの供物として、米、酒、木綿、麻、塩、海藻などと共に、鮭（ほしいお）十六隻、鰒（アワビ）、堅魚（カツヲ）などが載っている。

当時は今のような高速輸送網や、冷凍施設もなかったから、生魚はごく稀な場合だけで、ほとんど干物が用いられた。鮭についても「ほしいお」とルビが付いており、「隻」とあることから二匹を一組にして扱っていたようだ。隻は双で、二つ一組のこと。おめでたい時の扱い方である。アワビやカツヲも干物や鮨《すし》、塩からにしたものである。

巻五の「神祇」のところへくると、上記の魚のほかに、「鹿角四頭、鹿皮四張」や占に用いたのか「亀甲一枚」とか、「イカ、アユ、各七升八両、タイやサメの楚割《すわやり》七升八両、イワシ汁一斗五升、サバ九十隻」などが見られる。楚割《すわやり》は魚肉を木の小枝のように削《さ》いて干したもの。

第一五巻の「内蔵寮」の「諸国年料供進」の項には太宰府から牛皮二四張や熊皮二〇張（出羽国）、零《れい》羊角《ようかく》（数や出所は随所）などの記事が見られ、第二三巻「民部下」には、各国別に割り当てた貢進物の名前が、「年料別貢雑物」の項目名のもとに驚くほどたくさん載っている。

まず割り当てを受けた国名であるが、北は陸奥や出羽国から、南は太宰府までの二八国。貢進物は、零《れい》羊角《ようかく》（カモシカの角）が一七国で九四本、馬の皮六国で一〇〇張、牛の皮二か国で九張、牧牛皮四か国で三〇張、牛の角は下総国一国だけで一二本、それに太宰府には兎毛と鹿毛各五六〇管が割り当てられている。

零羊角は削って粉末にし、熱さましや産後の婦人病の特効薬として需要が多かったようだ。馬の皮や牛の皮は武具、敷物などにされたし、兎毛・鹿毛は筆の材料にしたもので、〝管〟とは筆を数える単位である。

続いて「交易雑物」の項にも多くの国とたくさんの動物の皮や角が登場する。まず国名であるが、ここでも北は出羽国から南は太宰府までの三八か国に及んでいる。そして交易物も、鹿皮一九か国四六五枚、鹿革一七か国四五〇枚、鹿角七か国七〇本。猪皮は伊豆国一か国で一〇張、猪脂は三か国で三斗、猪膏は太宰府だけで二石の割り当て。

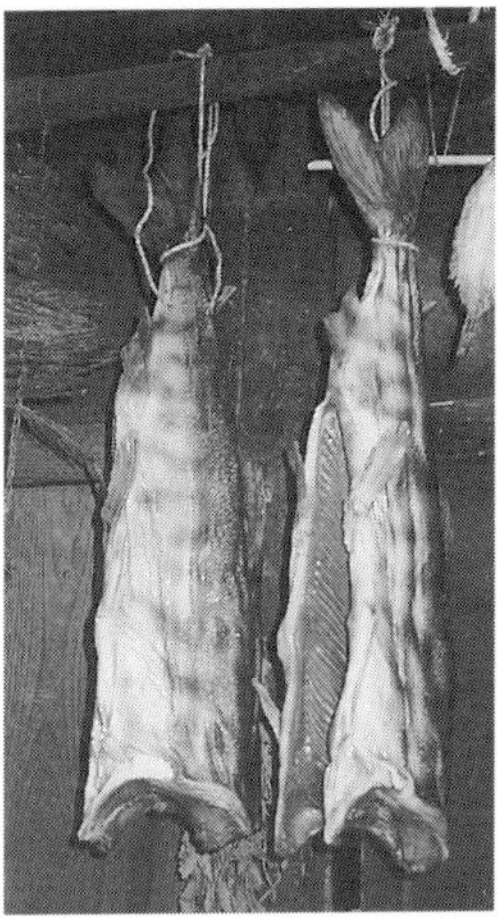
平安時代から続いているサケの干物（ほしいお）作り

牛皮は六か国で四二張、履牛皮は六か国で五五張。熊皮は出羽国一か国で二〇張。亀甲は土佐と阿波国の二か国で一〇枚となっている。

皮はなめさないもの、革はなめしたものと思われ、鹿皮・鹿革は狩衣や敷物、馬具などに、鹿角は零羊角と同じ用途で薬にするか、刀掛けにしたものと思われる。猪脂・猪膏はともにイノシシの脂肪で、薬用にしたもの、亀甲は産出国からして海亀と思われるが、薬用としたものか飾り物としたのかは不明である。

　このほか「主計上」の「中男作物」の項にも魚各種や、鹿角、亀甲などいろいろな上納物が載っている。その中の信濃国を見ると、猪膏、雉腊、鮭楚割《すわやり》、氷頭《ひず》、背腸《せはた》、鮭子などが載っている。

　猪膏はイノシシの脂だが、ここでは食料品ばかり扱っているから薬膳用としていたのかもしれない。雉腊はキジの肉を乾燥させたもの。鮭楚割はサケの内臓を除き、塩につけて天日で干し上げたもの（一説には肉を細かくして塩漬けにしたもの）。氷頭は頭の軟骨。背腸は背骨の粘着物を塩辛にしたもの。鮭子はサケの卵。

　猪膏《あぶら》については巻三七の「典薬寮」の「元日御薬」の項に猪膏一〇斤、「臘月御薬」の項にもたくさんの薬草の後に「猪膏一斤十両三分」が、「雑給料」の項にも「猪膏五斤」が出てくる。

　またこの「典薬寮」の「諸国進年料雑薬」の項に載っている薬用上納物は、国別に大部な数になるので、ここでは扱わずに、第三章の四「薬への利用」の項で取り上げて詳しく述べたい。

　次に、巻三九の「内膳司」の「諸国貢進御贄」の項になると、「鳩、年魚《アユ》、鰒《アワビ》」などが載っているし、「年料」の項には、各国別に「氷魚、鯛、鯵《アジ》、年魚、雉《キジ》の腊《きたひ》、鮒《フナ》、鱒《マス》、阿米魚《アメヨ》、楚割鮭、生鮭、鮭子、氷頭、背腸」などが見える。

　また巻四三の「主膳監」の「月料」の項にも、「鳥腊一五斤七両二分、東腹三六斤九両、薄腹八斤七両、堅魚《カツオ》一百五斤七両二分、煑堅魚、いりこ各七斤二分、蛸《タコ》、烏賊《イカ》各二二斤八両、押年魚一五斤七両二分、雑魚腊二〇斤八両、鮭二二隻半、能登鯖《サバ》一三五隻、鮫《サメ》楚割三〇斤」などが出てきて賑やかになる。

「内膳司《ないぜんし》」は天皇の食事の賄いをする所であるから、さすが食材もすごい。「諸国貢進御贄」は諸国から決められた品物を年貢のように毎年上納するものである。

腊《きたひ》は肉を干したもの、鰒はいろいろな加工法があり、それにより薄鰒、鮨鰒、熨斗《のし》鰒など種類が多い。グルタミン酸が多く、神饌や儀式のおめでたい時に使う食材として知られ、今も「のし袋」ののしとなって残っている。氷頭はサケの頭部の軟骨で、薄くスライスして酢で食べ、塩漬けにして運ぶ。いりこはナマコを煮て干したもの。

巻四八の「左馬寮」の「貢馬」の項には、「甲斐国六十疋、武蔵国五十疋、信濃国八十疋、上野国五十疋」などが見える。当時は官営の牧場もあったが、このように各国からの貢馬の制度もあったことがこれによりうかがうことができる。

(二) 鷹狩り用動物の献上と管理

日本人と鷹・鷹狩り

鷹狩りは、タカ（猛禽類）の採餌行動の特性を利用して、飼育しているタカを放してノウサギ、キジ、ツル、小鳥などを捕えさせるもので、一般に〝放鷹《ほうよう》〟と呼んで、古くから王侯貴族や武将など、特権階級の間で流行してきた、高尚な遊技である。

放鷹のルーツは今から四〇〇〇年も昔に、中央アジアの草原の遊牧狩猟騎馬民族の間に始まり、わが国へは中国～朝鮮を経て、仁徳天皇の代の三五五年に伝わったといわれている。

平成元年の平城京跡の発掘調査で出土した多数の木簡の中に、文武天皇の義兄弟の藤原麻呂が当時タカを飼っていて、その餌として、ネズミ、馬肉、スズメ、ニワトリなどを、京内を管理する役人から進上させたとみられる文面のものが見つかっている。

日本の狩猟史の中で、鷹狩りが最も盛んに行なわれたのは万葉時代（五〜八世紀）と徳川時代（十七〜十九世紀）だったといわれている。

万葉時代といえば、万葉の名歌人として知られる大伴家持は、越中の国司として赴任し、この地で詠んだ多くの歌が『万葉集』に載っている。その中にタカを詠んだものが四〇一一番などにあり、彼自身も鷹狩りをし、愛鷹を飼育していたようだ。

越中の国といえば、富士山、白山と並んで日本三大霊山の一つとして知られる立山があるが、立山の開山縁起も鷹狩りにまつわる話である。

その縁起によると、大宝元（七〇一）年文武天皇の御代、帝の命を受けて越中守として赴任し善政を行なっていた佐伯有若の嫡男有頼は、一六歳の時、父が大事に育てていた鷹狩り用の愛鷹を使って狩りをしていて、そのタカに導かれて山奥深くへ入る。そして阿弥陀如来と不動明王がおわす岩窟に行き着き、ここで悟りを開いて立山を開山したという物語だ。

このようにタカは古くから天皇や貴族・高官など権力者の間で飼育されてきており、それに伴いタカの管理や飼育などに関して職分制度が発達し、扱い方の礼法、飼育管理法なども進み、タカに関する知識はかなりなものがあった。

職分については、早くも大宝律令（七〇一年制定）では後に言う鷹匠は兵部省の管下にあって主鷹司と言われ、高い地位にあった。

九三〇年代に編纂された、日本最古の辞書と言われる『倭名類聚抄《わみょうるいじゅうしょう》』にはタカの種類や名称が細かく記載されていて、このころすでに日本人のタカに関する知識が大層深かったことが知れる。

まず種名ではクマタカ、オオタカ、ハイタカ、ツミなどが載っている。次いで雌雄について名前が異なることを挙げており、一番大きなタカの雌を「おおたか」（大鷹）または「だい」（弟鷹）と言い、雄を「しょう」（兄鷹）という。中ぐらいの大きさのタカの雌を「はしたか」（鷂）と言い、雄を「このり」（兄鷂）と言う。一番小さなタカは雌を「つみ」または「すすみたか」（雀鷂）と言う、とある。

さらにオオタカについては年齢別に、一齢タカを「わかたか」（黄鷹）、二齢タカを「かたかえり」（撫鷹）、三齢タカを「もろかえり」（青鷹）と呼ぶ、ともある。

タカの名称がこのように分化されていることは、当時タカの扱いについて、または飼育法や礼法についてもかなり専門化していたことがうかがえる。確かにこのころすでにタカの扱い方について、諏訪流、祢津流、大宮流、神平流など多くの流派が生まれていて、流派ごとにタカに関する伝書が代々伝えられていた。この伝書には、タカを架にとまらせる時の緒の結び方、架の種類をはじめ、飼育の仕方、水桶、餌苞《もちつと》、獲物の結び方、病気の治療法などを絵入りで説明している。

鷹狩り男子埴輪（群馬県出土）奈良大和文華館蔵

しかしそのころ日本に入ってきた仏教は、殺生を禁ずるもので、大仏造立で名高い熱烈な仏教徒であった聖武、孝謙の二天皇は、タカ、犬、ウなどによる猟を禁じ、主鷹司と呼ぶ官職も一時は廃止された。だが狩りという人間の本来的な楽しみはなかなか断ち難く、後の天皇の多くは再び放鷹を行なうようになり、親王や武官など一部の特定の者もタカを飼い猟を楽しむ者がいた。

鎌倉時代になると、鎌倉に幕府を開いた頼朝は、仏心厚く殺生を嫌い、諏訪、宇都宮神社などの贄用の鷹狩りを除いてはこれを禁じたので、これが先例となって武家の間では鷹狩りは公然とは行なわれなくなった。

しかし、鎌倉幕府が倒れると、放鷹は武家の間で再び盛んとなり、織田信長、豊臣秀吉、徳川家康はいずれも鷹狩りのマニアで、特に家康は生涯に一〇〇〇回を超す鷹狩りを楽しんだといわれる。

タカの種類と鷹狩り用の鷹

前項まで単にタカと呼んできたが、実はタカにも大型のものから小型のものまでたくさんの種類があり、大型のものはワシ、中型以下のものはタカに区分され、これらを総称してワシ・タカ類と呼んでいる。

ワシ・タカの仲間は世界に二八〇種ほどいて、このうち中部地方を中心とした日本の本州には、オオタカ、ハイタカ、ツミ、ハヤブサ、クマタカ、イヌワシ、ハチクマ、トビ、サシバ、ノスリ、チョウゲンボウなど二〇種を見ることができる。そしてこれらのうち放鷹猟に使われたタカはオオタカ、ハイタカ、ツミ、ハヤブサ、クマタカの五種である。

しかしこの五種が一様に用いられたわけではなく、将軍や大名が好んで鷹狩りに用いたのはオオタカ、ハイタカとハヤブサで、このほかに小鳥捕り用としてツミが少しは使われた程度だ。

またクマタカは、大昔は鷹狩りに上流社会で使われたようだが、性質が鈍重で地上のものしか捕らないので、次第に使わなくなったようだ。ところが明治になり幕藩制度が廃止になり鷹狩りも行なわれなくなると、これとは逆に、このころから東北地方の農民の間で、冬の副業としてこのタカを使ってノウサギなどを捕るタカ猟がにぎわいを見せるようになる。

では放鷹猟に用いられたタカの特徴や特性を見てみよう。

①オオタカ

トビより一回り小さい中型のタカで、尾に四本の太い黒帯があり、胸部は白に黒の細い横斑《はん》があるのが特徴。古くから鷹狩り用には本種が一番多く使われた。長年飼育してもタカ猟に適すること、一シーズンに限っても秋のカモ猟、冬のキジ、ノウサギ猟、そして五月のバン猟と猟期が長いことのほか、姿態が美しくタカの中のタカといった感じで、タカの絵などもっぱらこのタカをモデルとして描かれたようで、気立ては優しく力持ちでツルなどの大型鳥も捕らえ貫禄も十分あったので、武将の間で一番もてはやされた。

②ハイタカ

形や腹部の色はオオタカによく似ているが、だいぶ小型で雄ではハトくらいの大きさで、江戸時代は鷹狩りによく用いられた。漂鳥性があり、冬から春は標高五〇〇〜七〇〇メートルの山麓や平地に主として棲み、夏には高山帯で多く見かけるが、上空を飛んだり、ときには林間も飛び、小鳥やハト、キジの雛《ひな》や野ネズミなどを捕らえて餌としている。大型のタカに比べ飛ぶのが敏捷で、鷹狩りではヒバリ、コガモなどを主として捕らせた。

③ハヤブサ

トビより一回り小さい中型のタカの一種で、ほかのタカ類とは羽の形が異なり、いわゆる羽の先が細くなって流線型をしていて、獲物を見つけて急降下する時には時速三〇〇キロものスピードが出る。普通、日本には冬鳥として、九月上旬から一〇月ごろに渡ってきて、春の三月から四月中旬ごろまでいる。獲物を捕らえる時には速度を速め、羽ばたかないで滑空して近づき、蹴るようにして襲いかかる。したがってオオタカなどとは違った狩りの方法をとるので、鷹狩りには〝上げ鷹猟〟という、一種独特な猟法を主として行なう。

④ツミ

ハイタカよりもさらに一回り小さなタカで、鷹狩りに使われたタカでは一番小さなタカ。身のこなしがすばやく、小回りがきく体で、大型のタカではできない敏捷さで林の中を飛んで獲物を捕らえるのを特技とした。鷹狩りではコガモ、ウズラ、ヒバリなど小型の鳥類を捕らせたようで、雌を雀鷹・雀鷂（ツミまたはスズメタカ）と言い、雄を雀鯎（エッサイ）と言った。

放鷹用のタカの産地と献上割り当て

タカは種類によって習性が違い、生息場所も異なるので、将軍家献上のタカはその種を最も多く産する地方の藩から献上されるのが例年の習わしで、江戸時代にオオタカは松前藩を第一として、仙台、津軽、秋田、南部の各藩がこれに次ぎ、合計四〇据。ハイタカでは越後の長岡、松本、尾張の各藩が中心で一〇据。ツミは松前、尾張などから七据という記録がある（『放鷹』）。つまり当時オオタカ、ハイタカ、ツミについてはこれらの地方が主な産地だったようで、尾張藩での産地は木曽の山が中心だった。

またハヤブサについては、松前藩で享保年間の記録としてハヤブサ一二羽を将軍家へ献上したという記録が藩史にある（『蝦夷地と夕張大渓谷物語』）。遠藤公男の『盛岡藩御狩り日記』によると、盛岡藩では慶安三（一六五〇）年一月二十六日、下北半島の沼山で「鷹待ち」（タカを捕らえることを職とする役人）が、鷹狩り用のタカ四一羽を捕ったが、そのうち二〇羽がハヤブサだったというから、ここもハヤブサの有数の産地だったようだ。ハヤブサは海辺に棲んでいて、洋上を渡るシギやチドリを主な餌にしているタカで、沼山は現在の青森県むつ市内で海辺に近い所だ。

鷹狩りが盛んだった江戸時代、将軍家では五〇～一〇〇羽もの鷹狩りに用いるタカを飼育し、鷹匠頭を筆頭に、組頭・鷹匠・同心や餌差しを置いてタカの調教に当てていた。また大藩の大名もこれに準じて多くのタカを飼養し、タカに関係するそれぞれの専従職を置いていた。したがってタカの需要もおびただしく、将軍家では天領から産出する鷹狩り用のタカも多かったようだが、それでも足りずに、それぞれのタカを多く産する藩に前述のように毎年献上の割り当てをしてタカを求めていた。

江戸時代、タカは時代の脚光を浴びた花形動物で、各藩から将軍家へこのタカが送り届けられる時の道中は「お鷹道中」と言い、お茶壺道中などと共にそれはそれは大変なもので、語り草となっている。

鷹献上と農民の苦労

江戸時代は万葉時代と共に鷹狩りの最も盛んだった時代で、家康は生涯に一〇〇〇回もの鷹狩りを楽しんだことはすでに書いたが、犬公方《いぬくぼう》と言われた五代綱吉の時に生類憐れみの令を出して一時鷹狩りも中断されたことはあるが、その後再び復活し、盛んに行なわれるようになった。

そして盛況を極めた鷹狩りにともない、タカの扱いに関する職制や、鷹場における規制と負担、タカの調達に関する取り締まりなどが強化され、その陰にあって関係農民は大変苦労をした。

江戸時代のタカの需要のおびただしさを示す一例として、『放鷹』(宮内省式部職編、昭和七年)には、「将軍家の鷹部屋は享保二年雑司ヶ谷と千駄木の二か所に分けられたが、そのうち千駄木の鷹部屋には享保四年当時大鷹三五据、鷂《ハイタカ》一三据、隼六据の合計五四据が飼われていた」とあるから、雑司ヶ谷を合わせると一〇〇羽以上のタカが飼われていたようで、このほか各藩の諸大名のタカを合わせると膨大な数のタカとなる。

これらのタカは生き物だから、毎年病気で死んだり、放鷹に適しなくなるもの、逃げるものや贈答用に使われるものもあったから、その需要の程が知れる。そこで幕府は直轄地(天領)から直接タカの入手に努めたほか、タカの産地を中心に、各藩に毎年タカの献上を促してその需要に応じるようにした。では天領からのタカの入手状況や、各藩でのこれら献上用と自藩で飼育するためのタカをどのように調達していたかを、信州を例にして見てみよう。

信州には、幕府の直轄地である佐久地方のほか、松代、松本、飯田、岩村田、須坂、飯山などの藩や、尾張藩に属する木曽があったが、将軍家へのタカ献上が通例となっていたのは松本藩と尾張藩だった。したがって直轄地であった佐久地方や、松本藩の領内（特に北アルプス山麓）と、尾張藩のタカの産地であった木曽地方では、タカの捕獲についていろいろな制度があり、関係者はその制約のもとに大変だったようだ。今県内に残っているタカに関係する古文書は、右三地区以外にも多少はあるが、その大半はこの三つの地区のものだ。

まず江戸時代幕府直轄領であった佐久地方について見てみよう。この地方の山に巣を作り雛を育てる鷹狩り用のタカはハイタカとツミだった。タカが巣をかける山を「御巣鷹山」と呼び、幕府が直接止め山に指定して、一般の人の入山を禁じたので、農民は草刈りや薪取り、キノコ採りにも入ることができず、また野火などについての厳しい掟《おきて》があって大変だった。

しかし生活がかかっている農民たちは、夜間こっそり薪伐りに行ったりして村役人や隣ムラの人に知れるところとなり、これが発展して隣ムラとの境界争いになったりして、牢屋に入れられるなど処罰される者もあった。今残っているタカ関係の文書の大半もこれらの巣鷹山侵犯の詫《わ》び状である。

「巣鷹山」の広さは大きなものでは三六〇×二八八メートル、小さな所では三六×二七メートル程度の広さだった。これらの巣鷹山には、山内を常時見回り、巣作りに良い環境を守り、伐採など掟を犯す者がないかなどを監視する「山守《やまもり》」や、タカが巣をかけ、雛を育てているかを見回る「巣守」などの役人が決まっていた。

巣鷹では雛を巣から捕る時期が大事で、早すぎると傷タカになってしまうし、遅すぎると餌づけが難しいとされていた。また必要なのは雌タカで、雄は捕ってはいけないとか、餌づけの仕方など細かい注意が江戸吹上の将軍家御鷹部屋から直接仰せ渡されていた。

吹上げ御鷹部屋にて桑山内匠頭様　仰せ渡し覚
一はい鷹は玉子かわ割りより十八日十九日廿日迄の内に巣おろし可仕候
一都《っ》み鷹は玉子かわ割より十四日十五日十六日迄に巣おろし可仕候
　右ふたいろ共天気よく見合い　日和よき時分巣おろし可仕候　このり・はい鷹能く見分け、このりは巣に残しおき、はい鷹ばかり持参可仕候
一はい鷹も　都み鷹も巣おろしは一日静かに致し江戸へ持参可仕候　道中はこの度より一日も詰候て持参致し候よう心懸け申可く候
右之通り仰せ渡され候

　外代官所の百姓に相伝え可く候覚
一はい鷹とこのりの見分け様　都《っ》みと　えっさいの見分け様
一巣おろし　日数の事
　但右之通り
一巣おろし候て餌飼いの仕様　小さき内ハ小鳥一つヅツ四度ほどヅツ　少し大きく成り一度に二ツほど　又それより過て三ツほども四ツほども見合い　餌飼い致持参可仕候

夜中の餌飼い仕様ハ　前方忠三郎へ　御鷹方にて御出し成され候通り相可心得候
この趣き外代官所之百姓にも伝達可仕候
丑ノ七月十二日
一はい鷹と申すハ足丈夫にてくちばし太く　餌かい能く是を　はい鷹と申す也
一おろし加減は　一《ひと》ふ見え候とき差上ゲ可申候事
一餌かいの事　夜の五ツ時分　餌は八分めに成り候ように餌かい可申事
一はい鷹　このり　都《つ》み　いっさい
右之通りに御座候　外には権三郎方より相伝え不仕候
享保七年
丑ノ二月
南相木村
市兵衛　㊞
親沢村
与右衛門　㊞
御代官様

雛の巣下ろしの適期はタカの種類によって多少違ったようだ。ハイタカでは孵化して一八～二〇日、ツミでは一四～一六日目が良いとされ、この日になると雛の肩や背羽に黒い斑紋が現われてくる（これを一《ひと》斑《ふ》と言う）ので、巣守はこれを目安に細心の注意を払って巣から下ろして家に持ち帰り、ウズラ、スズメ、セッツなどの野鳥を生き餌にして飼いならす。約一か月ほど育て、江戸城吹上御苑の御鷹部屋に連絡すると、鷹匠が迎えに来て、お鷹部屋へ連れて行き、以後は専門の鷹匠によって鷹狩り用のタカに仕込まれた。

巣守の家からタカの雛を鷹匠が江戸城まで連れて行く道中を〝御鷹道中〟と言い、大掛かりなもので、

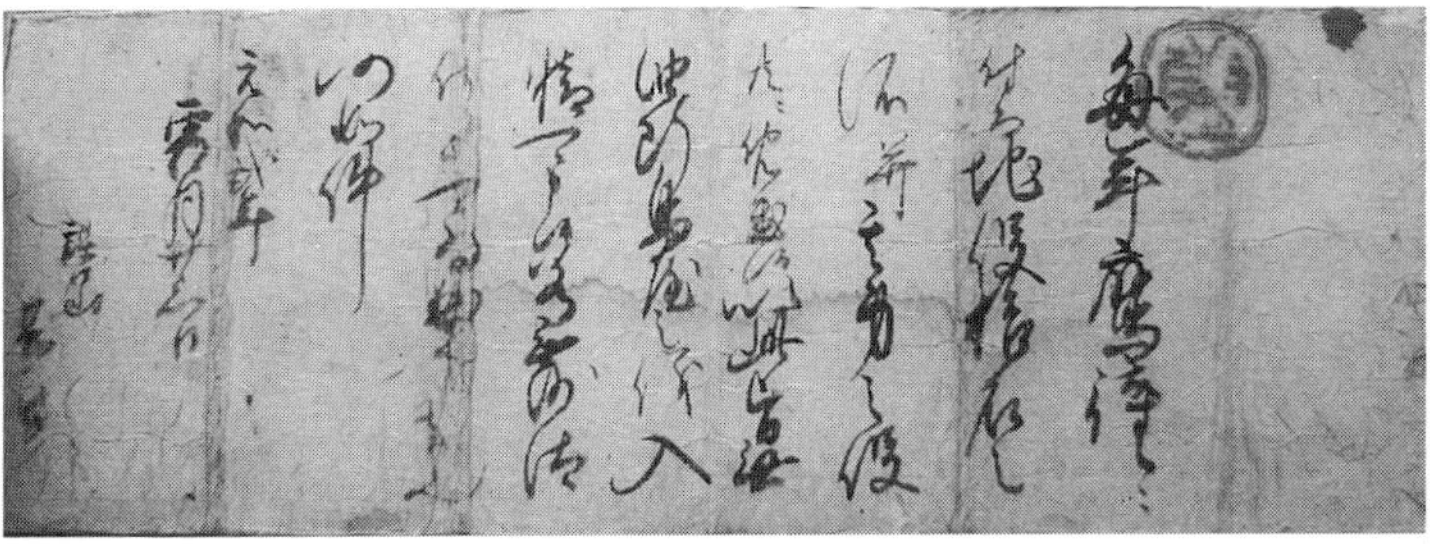

鷹待役につき藩主からの朱印状（長野県南安曇郡小倉，中田つるき文書）

今も御茶壺道中、佐渡の金銀お上り、日光例幣使などと共に中山道の各宿駅を大いに威張り散らしながら通ったものだと語り継がれている。

一行は「将軍家御用鷹」の標識を高く掲げ、佐久地方の村役人も御鷹御用人足として一本刀を腰に差して参加し、鷹匠には一人につき馬一匹と人足一人、同心には二人につき馬一匹と人足二人が付いて行列を組んで通り、通行の大名も輿《こし》から降りて拝送し、道々少しでもそそうがあると不敬の振る舞いと怒鳴り散らしたので、各宿場では皆薄氷を踏む思いで継ぎ立ての人馬を用意し、待遇をしたそうだ。

「巣守役」には籾《もみ》一〇俵あての扶持があったと天和三（一六八三）年の記録があり、「鷹見役」については慶長十七（一六一二）年の仙石文書では、北相木村の九人にヒエ一〇俵、小豆《あずき》一俵、ソバ五俵一斗五升を、三月二十日から五月末までの扶持として給している文書が残っている。また御用鷹を巣下ろしした者への褒美については、金一〇両が支給された。

では次に、将軍家へのタカを献上していた諸藩の状況について見てみよう。ここでも鷹狩り用に飼育するためのタカの捕獲は巣鷹捕りが中心だった。

タカの雛を捕って藩へ届けると、たとえば尾張藩では雄でも米五斗（享保十五年以前は三斗）、雌だと二石（享保十五年以前は一石）、松本藩では籾三、四俵のお手当が出て、さらにこれが良いもので将軍家献上となれば別に金五両の褒美が出たので、山地の農民や杣《そま》にとってはまたとない高額な収入の機会だった。だから見つけてまだ巣下ろしが早いとほうっておくと他人に盗まれるケースが多くあったから、見つけたとなると、ちょうどよいころあいまで幾日でも昼夜を限らず番をしていなければならない。

しかしこのような高額な褒美を出してもタカの雛はなかなか手に入らなかったから、藩では領内で、タカがよく巣をかける山を「止め山」として一般の人の入山を禁じ、「鷹巣見役」を置き、樹木の伐採を禁じ、常日ごろ育林や見回りをさせ、毎年二月ごろのタカが巣をかけ始める時期からは頻繁に山内を巡視させて雛の発見に努めさせた。

信州ではこうした「巣鷹山」が、尾張藩所属の木曽で五九か所（『木曽福島町史』昭和二九年）、松本藩では一二か所（『信府統記』）のほか、各藩にあった。鷹巣見役は巣山の近くの組頭級の上農の中から拝命され、地役一〇石前後役引きとなっていて、代々世襲で、松本藩では鷹巣見専門が七人、鷹打ちと兼務役が一九人いた。しかしこの鷹巣見という役は、指名された者ばかりでなく、ムラ中の人にも責任があったようで、木曽では尾張藩からムラへ配布された御条目の真っ先に鷹巣見のことが書かれていて、ムラの農民は大変だった。

定

一、御巣鷹此以前より別に入精候やう被仰候間少も油断仕間敷候事

一、御巣鷹新巣を見出し候ハバほうび可致候間成程見出し可申候、但毎年おろし候山よりも外にはなれ山にての義に候事

一、御巣鷹若売候をのち〳〵聞出し候共いちるい共に可令成敗候売候をきゝ出申候はゞほうび可出候
（以下略）
慶長十六年亥卯月二日　　山七郎右　花押
岩之郷村惣御百姓中

これは現代文に意訳すると、
一、営巣しているタカの巣の発見については、今までよりさらに精を出して探すこと。
一、雛を育てている新しいタカの巣を発見したならばほうびを下さるから一所懸命に探すように。但しそれは新しい山での発見に限る。
一、巣から雛を採って、よそへ売った話を後日聞きおよんだ時は、その者の一家一族共に処罰するし、売った話を聞き出した者には褒美をとらせる。
とのお触れである。

松本藩でも入四か村（現安曇村）に残されている文書を見ると、巣鷹発見の義務は村役人を頭に、ムラ中の人に負わされていたようだ。

巣鷹の儀時節に相成候間巣見の者申付けらるべく候、右の趣御代官所より申来候間此旨相心得申さるべく候
寅五月十八日　　中沢権右ェ門

大野田、嶋々、稲核、大野川右村々庄屋中

そしてその時期になると村役はいつも気を配り、ムラを挙げて巣鷹発見に努めるのであった。

このようにタカの産地の関係者は、毎年時期が来ると当年営巣中のタカの発見に、山々を回り並々ならぬ努力をしたもので、巣鷹の時期は草木が一斉に伸び出す、百姓仕事の作付けの時期とかち合うので一層大変だった。努力してもタカの雛が予定どおり見つからない年もある。するとお上から次のような通達が関係者に送られてくるのであった。

宝暦十四年
巣鷹見の者出精すべき御沙汰
御献上巣鷹御間合い申さず候間巣見の者出精いたし見出し候様に中来り候間油断なく見出し注進致すべく候　以上
五月廿二日　　　　　　　　　　中沢権右ェ門
嶋々、稲核、大野川、大の田右村々庄屋中

鷹狩り用のタカが巣を作る山は、幕府直轄地の場合は幕府が、藩の領内の場合は藩が止め山に指定したが、どこでもこのような山を「御巣鷹山」と呼ぶほか、鷹の巣山、御鷹場、御鷹林などとも呼び、一般の人の出入り、伐木を禁じていたもので、一度指定されると、タカが寄り付かなくなっても解除されたことはほとんどないという厳しい制度だった。したがってこれらの山は一般の山と区別され、特別扱いされたので、いつかそれが山名となって今日に残っている例が多く、全国で三〇以上もある。
「御巣鷹山」を一躍有名にしたのは、あの昭和六十（一九八五）年八月十二日の日航機墜落事故だ。場所は長野県との県境の群馬県多野郡上野村で、この事故は航空史上最大の事故で、五二〇人が死亡するという悲惨なものだった。御巣鷹山と言うからタカの雛を捕った山に違いないとは思っていたが、ここを私が訪れたのはそれから数年後で、秩父の三峰神社への帰りに上野村で一泊し、紛れもない事実を知り、翌日は深い山の中を数えきれないほど曲がり曲がって車を走らせ、ようやくたどり着いたぶどう峠から、御巣鷹の深い山並みを見て帰郷した。

オオタカの雛と巣

さて、紛れもない事実というのは、宿の主人から「この地方は幕府の天領で、県境の山には二十数か所の鷹巣山に指定された山があった」と聞いたからだ。

その後群馬県多野郡中里村の三沢義信先生から著書『わが郷土奥多野』をお送りいただき、この地方の御巣鷹山の内容を知ることができた。それによると、

> 奥多野は長野・埼玉両県境の山々に囲まれた山村で、「山中」と言い、群馬のチベットとも言われ、水田もほとんどない所で、人びとは山仕事とわずかばかりの畑作などで生計を立ててきた地方です。
> 　ここは徳川家康が関東を掌握すると、いち早く直轄地とし、伊奈備前守忠次を代官として支配してきましたが、豊富な森林資源と、タカの巣が多い所なので、それを得ることが目的だったといわれて

います。タカの雛を得るということは当時それほど重要だったのです。ちなみに当地方の鷹制度についての古文書には、巣鷹発見者には褒美を定め、反対にタカの雛を盗んだ者は、関係者一類を死罪にするとあります。また御巣鷹山に指定された山への村民の入山を禁じ、風倒木、古枯れ木や下草、キノコ類の採取まで禁止した一方、「何方ヨリ野火ヤケ参ル共見付次第火ヲケシ御巣鷹山カバイ可申候」と村民に命じていました。

御巣鷹山の数では、浜平に一一か所、野栗沢一六か所などを中心に、楢原、檜沢、乙父、乙母、勝山、新羽、平原、魚尾、船子、生利などのムラに、三三か所の御巣鷹山が指定されていました。また鷹見役も浜平に四人、野栗沢に九人、八倉に四人いました。

雛の発見から巣下ろしまでの一連の作業とその報告は大体よそと同じ手順でした。

さて、巣下ろしが終わるとタカの輸送の段取りとなります。雛はかごに入れ、

御用御巣鷹三居

　　　　　　上州甘楽郡楢原村之内
　　　　　　　　　　　　　浜平

と書いた木札を立て、鷹見衆と名主が付き添って江戸表へ届けました。

＊ 鷹制度についてさらに詳しくは、拙著『山の動物民俗記』（一九九六年、ほおずき書籍）をご覧いただきたい。

御鷹場と農民の苦労

鷹狩りを行なう場所を鷹場と一般に言うが、将軍以外に猟を禁じた鷹場を「御鷹場」「御留場」「御拳場」と言った。

鷹場では江戸近郊に設けた将軍家の鷹場が有名だ。

ここは寛永五（一六二八）年徳川家によって、江戸からおよそ五里四方が将軍家鷹場に指定され、後には一〇里四方に広げられ、その境界には、長さ四尺、幅三寸角の杭《くい》が所々に打たれ、これを結んで三尺四方の竹矢来の囲い垣が築かれたという。この領域には既存のムラが六〇〇もあり、これらのムラの農民は鷹場法度《はっと》と呼ばれる細かく厳しい制約や負担を受けて大変だった。

では具体的に、どのような制約を受けたかを見てみよう。

まず鷹匠やその見習や同心、餌差しなど、鷹役人が出張してきた時には、その役人のために、無賃の伝馬や人足を提供しなければならなかった。また宿泊した場合はこれらのお役人に対する酒などの接待もしなければならなかった。そして法度としては、『御鷹場』（本間清利著、昭和五十六年、埼玉新聞社、一五六―一五七頁）によると、

一、鷹匠や餌差しが来た時は、間違いない人物か、持参の札と前もって預かっている合札と合わせ吟味する。

一、鳥つきが悪くなるので、八月一日から翌年の一月晦日《みそか》までは魚猟は止める。

一、かかしはご指図に従って立て、すべて鳥を追い立てることはしない。

一、田舟は稲の刈り上げが済んだ後は陸に上げておく。また無用の舟をみだりに沼や川へ浮かべておかない。

一、沼、川、野先などで昼夜を限らず、鳥が騒いでいる時は、早速取り調べに出る。また怪しい者には一切宿を貸さない。
一、病気や落鳥を見かけた時は早々に届け出る。
一、猪や鹿を追ったりしない。
一、御用で回村中の役人が野先で御用を申し付けた際は、早速鳥見に知らせ、その上鑑札をよく確かめてから御用を勤める。ことに御鷹場の御用回状や封書などは、その刻付などをよく調べた上、昼夜を限らず間違いなく先村へ継ぎ送る。
一、鳥つきの妨げになる物騒がしきことは一切しない。
一、鶏のほか飼い鳥はしない。
一、鳥つきの妨げになるので、鳥つきの場所には新屋敷を立てない。古屋敷でも改築や増築には御差図を受ける。
一、鷹場の障りとなるので犬は飼わない。あるじのない犬猫は一切近づけない。
このほか尾州藩の鷹場を研究している槇本昌子によると（『多摩のあゆみ』五〇号）、
一、御鷹野の時には道、橋を入念に手入れする。
一、冬田に水を張ってはいけない。
一、大声で人を呼ばない。手をたたかない。
一、田畑で火をたかない。拍子木をたたかない。
一、かごを背負わない。
などの法度があり、鷹狩りの時には一〇〇〇人にも及ぶ勢子《せこ》の動員、食事を作る炊き出し人足、水くみ人足、御賦御道具持ち人足のほか、鷹匠が獲物を荷造りする大小竹、菰《こも》、細藁《わら》、苧木札、口塩の提供とその手伝い、さらには獲物の運搬人足までも賦役させられた。また鷹狩りとは別に江戸城への上納として、タカの餌とする小鳥の餌用の、ケラ、イナゴ、ミミズ、エビズルの虫、赤ガエル、青虫などがあり、江戸近郊の農民は大変だった。

(三) その他の上納動物

雉・山鳥の貢進と追鳥《おいとり》狩り

将軍家や藩主への貢進は、上からの割り当ての場合もあれば、下から進んで貢進する場合もあり、どちらもほぼ毎年決まった時期に恒例になっているものが多かった。貢進物のほとんどは、その土地の名産品で、食料品を中心に、『延喜式』に例を見るように、いろいろな物品があった。そんな中で、一風変わったものに、雉や山鳥を〝追鳥《おいとり》狩り〟という方法で捕らえて貢進するということがあった。

貢進する時期は旧暦の十二月で、年の瀬をひかえた一年で一番寒い時期に行なわれていた。その理由は察するに、①年とりや正月用品として適していること、②寒中という寒い季節で長路の運搬でも生肉がいたまないこと、③農閑期で、多数の農民をかり出すに都合がよいこと、④雪の中でキジや山鳥の行動や足跡が分かりやすいこと、などの利点があった。

〝追鳥狩り〟という猟は、キジや山鳥の羽の弱いことを知った上の猟法で、キジや山鳥はニワトリと同じで、体重に比べ飛翔力が弱く、あまり遠くへ飛べない鳥である。そのことを知っている山村の人たちは昔から冬になるとレクリエーションを兼ねて、ムラの近くの沢で鳥追いをし、キジや山鳥を捕って食用にしていた。また信州の松本藩などでは、藩の冬の行事として、しばしば大掛かりな〝追鳥狩り〟が行なわれていた。

追鳥狩りの文書による初見は『武徳編年集成』で、「天正十（一五八二）年四月……北条氏政武蔵野に於て追鳥狩して雉子五百羽を信長に贈れり……」とあり、徳川時代になってからは幕府の年中行事として行なわれ、「兵を練り士気を鼓舞する」目的も含まれていたようだ。松本藩でもキジは正保二（一六四五）年以来幕府への献上物の一つであり、毎年これを得るのに追鳥狩り（御鳥狩り）を、藩自ら行なったり、あるいは各組に命じて必要な鳥数を上納させていた。藩が直接行なった追鳥狩りについて、水野家時代の記録で見ると、

宝永七年	総人数	一四八〇人	捕獲鳥数	六六羽
正徳元年	〃	一五七三人	〃	一二〇羽
〃 二年	〃	一七六三人	〃	六一羽
〃 三年	〃	一七一三人	〃	五五羽
〃 四年	〃	一六七三人	〃	四五羽
〃 五年	〃	一七二三人	〃	四九羽

以上のように毎年大勢が出動し、十一月下旬から十二月初めに行なわれていた。また各組への割り当て状況について大町組を例にして見ると、

文化六（一八〇九）年巳十二月
追鳥狩書留　西沢九之丞

文化六年冬村々に割当左之通

キジ　壱羽　中綱村　〃四羽　嶺方新田村
〃　壱羽　木崎村　〃五羽　沢渡村
〃　七羽　切久保新田　〃四羽　堀之内村
〃　三羽　塩島村　〃三羽　佐野村
〃　五羽　青具村　〃四羽　飯田村
〃　五羽　二重村　〃五羽　大塩村
〃　四羽　飯森村　〃三羽　細野新田
〃　四羽　蕨平村　〃三羽　塩島新田
〃　拾七羽　大町村　（以下省略）
〆百四拾壱羽

というように、割り当てを受けた各組は、それぞれさらに組下の各村へこのように割り当てて、期日までにそれを提出させて上納していた。

この文書は、松本藩大町組の山庄屋をした西沢正雄家（大町市平）所蔵のもので、もちろん藩からのお達しにより、その割り当てを組下の各ムラに割り当てた記録である。

今ではほとんど姿を見なくなったキジも、二〇〇年前にはたくさんいたことが分かる。追鳥狩りとは大勢の人が出て散らばり、声を立ててキジを追い出し、向こうへバタバタと低く飛んで行くと向こうの人が声を掛けて追い返すので、三回も追うとキジは疲れ果てて、しまいには藪や雪穴の中に頭を突っ込んで動かなくなるので、これを素手で捕まえるという捕り方だ。

　こうして捕ったキジは、藩主の元へ届けられ、さらにその大部分は江戸の将軍家へ届けられていた。江戸時代のことについて、おじいさんから話を聞いていた白馬村沢渡の村上繁忠さん（明治三十三年生まれ）は、次のように話してくれた。

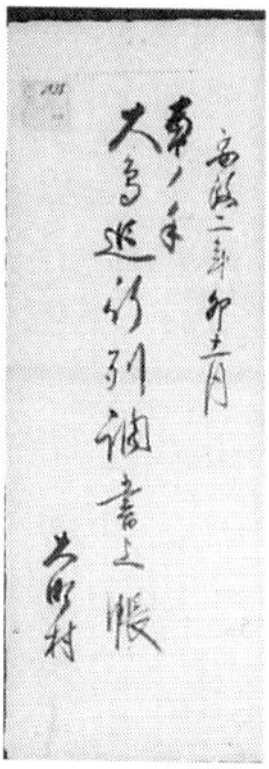

「大鳥狩り」について書かれた古文書（長野県大町市八〇文書）

　昔は旧の正月のころになると、毎年松本の殿様から、キジやヤマドリ献上の達しがあり、各ムラでは庄屋からの沙汰《さた》（通知）でムラ中で出て追い捕りをやったそうです。当時は今のようにムラの近くの山には木立はなく、藪か小木ばかりで、向山から内山集落までこんな状態で、キジやヤマドリの棲むのに適していたようです。暖房、馬の餌や麻を煮る薪、それに金肥がなかったから刈敷《かりしき》（緑肥）にするために木はみな伐ってしまったので、林というようなものは育たなかったのです。

　鳥追いは出動したムラ中の人を、追い立てる組と高所にいて鳥の行方を知らせる組とに分けて行なったそうです。キジやヤマドリは二、三回追うと、弱って飛べなくなり、藪の中へ潜るので、これを素手で捕らえるもので、別に道具は使わなかったようです。

　捕らえた鳥で羽の傷ついているものは、庄屋が食べ、羽に傷がない良いのばかりを殿様へ届けたといいます。

　ついでに一五〇〇〜一七〇〇人も動員した、藩直《じき》々の追鳥狩りがどのように行なわれたかについて、享保十八（一七三三）年の記録から見てみよう。

　この年の追鳥狩りは旧暦の十二月五日に行なわれた。記録は「廻状」という形のものが残っており、

「町方奉行へ申渡」と「町方へ申渡」の二つから成り、留守中のこと、狩り場でのことなど細部にわたり前もって連絡がされ、綿密な準備や計画のもとに行なわれたことが分かる。

この行事には町方や村方（住民）の老人、子ども、病人などを除いて全員が参加するのが習わしで、そのため町やムラの中が空っぽになってしまうので、この行事のある時は「自身番」を置き昼夜見回り、火の用心はもちろん、武家屋敷へ諸商人などが入らぬよう厳しく取り締まった。

狩り場での注意も細かに書いてある。まずキジを捕ると大名主に申し出て、大名主は代官へその旨を伝えること。キジを取り押さえる時は、大勢が奪い合いなどして鳥の羽を傷めないよう注意すること。勢子人足には目印を渡すからそでに付けること、またムラごとに目印の幟《のぼり》や高提灯《ちょうちん》を持参し掲げるよう、指示している。

またこの行事は、勢子、勢子頭、名主、小頭、足軽、鳥目付などの役が決められていて、それぞれ上司の指図で行動するよう申し渡されていた。（松本藩の〝追鳥狩り〟についてもっと詳しく知りたい方は、拙著『山の動物民俗記』を参照されたい）。

ツルの献上

東北の盛岡藩や八戸藩では、毎年九月になってツルが捕れると、急いで江戸へ送り、将軍家へ献上するのが習わしだった。

徳川家の年代記『徳川実紀』の中の、家光の時代のことを記した『大猷院殿御実紀』には、「慶安三（一六五〇）年十月四日、南部山城守重直が御所に鶴を献上した」とあるという（遠藤公男さん調査）。

江戸へは盛岡や八戸から一〇日かかる。九月ではまだ気温が高いから腐りやすい。そこで両藩では猟師が鶴を撃ったらすぐお城に届けさせ、それが届くと傷の具合や羽のいたみ具合を年寄り衆がよく見て、弾の当たり所が悪いのは取り止めにし、良い物だけ江戸へ届けることにしていた。

捕ったツルが献上と決まると、御目付、勘定頭が立ち合いで鶴の内臓を上手に取り出し、たっぷりと塩をして傷口をふさぎ、ヨシやカリヤスなどの青葉で包んで箱に入れ、早馬で江戸へ送った。この馬は若者二人が付いて伝馬で、宿場ごとに馬を乗りかえ、普通一〇日かかるところを七日か六日で届けさせた。しかしそのように急がせても、塩加減が悪く、江戸に着いたら異臭を放ってダメだった、ということもあったようだ。

赤魚（ウグイ）の上納

北アルプスの鏡と呼ばれる大町市の青木湖、ここでは昔から赤魚（ウグイ）が名物で、たくさん捕れる。『信濃史料』によると、天正十九（一五九一）年八月十三日付の古文書に、「安曇郡青木の郷、定物成……あかうお二百疋、海の役……」とあるという。定物成は毎年定期的に納める税の一種で、この近郷に伝わる民話では、この湖を支配していたのは西山と呼ぶ青木村の庄屋で、西山庄屋は毎年赤魚を松本の殿様に献上し続けていたといわれている。

このような名産品の将軍家や藩主への献上は、調べてみれば全国各地にたくさんあると思われるが、資料不足のため今後の調査を待つことにする。

第二章　信仰・まじない・占いと動物たち

一　神饌・供物と殺生供養

(一)　諏訪神社などへの供物と動物

前章三節で見た『延喜式』の「神祇」の項でも述べたが、各神社の祭りの際の供物としては、米、酒、木綿、麻、塩などと共に、鮭、鰒《あわび》、堅魚《かつお》などの魚を供えるのが一般的で、今日もその伝統が受け継がれている。

しかしそんな中で、諏訪神社や宇都宮神社などでは鹿や雉《きじ》などを供物とする習わしが古くからあり、鎌倉時代や、「生類憐れみの令」が施行されて殺生を禁じ、一般に鷹狩りさえも禁じた江戸時代の、五代将軍徳川綱吉の時代でさえ、この神社に限ってお供え用の鹿や雉を捕るための猟や放鷹が認められていたのであった。

また戦の神様として知られ、全国に数多くの末社を持つ諏訪神社は、鎌倉時代から〝御射山祭《みさやま》〟という全国から腕達者な者を集めて開かれた狩猟オリンピックのような伝統行事があり、狩りが祭事であった。この祭りで捕れた鹿は「贄《にえ》の掛鹿《かけじし》」といって鳥居形の掛柱にかけ、神前に供えた。また、これとは別にまな板の上に鹿の頭をのせて供える神事も行なわれ、今日に受け継がれてきている。

諏訪上社の第一の盛儀である「御頭祭」はすこぶる盛大で、同社の「画詞」にも「禽獣ノ高盛リ魚類ノ調味美ヲ尽ス」とある。今は大部省略されているが、『諏訪大社』（信濃毎日新聞社、一九八〇年）には、祭りが盛んだった、明治維新より一〇年前の安政四（一八五七）年の記録が次のように載っている。

一月二十六日には三日精進が始まり、鹿肉四十一貫も持ち込まれ、手伝人も入れて鹿切りが行なわれる。

二十八日前宮で「野位出し」の神事が執行され、そのあと饗膳がある。この日のために鹿肉五十九貫、酒一石七斗余が……使用された。

二月一日、「御贄掛《おにえかけ》」の神事があって、十三貫六百匁の鹿肉が二十五本の木串に刺されて、御頭屋の前の鳥居形の肉掛け場に掛けられる。

二月九日、「御精進初め」の祭事があって鹿肉八十八貫余、酒二石三斗余が使われる。

三月九日は御頭祭の当日である。……祭事に必要な品や道具は七十人の人足で前宮に運び込まれた。その中にまな板七十五枚が見えるが、古来七十五の鹿頭が御頭祭に供えられたことと関係がある。もっともこの頃は鹿が不足だったとみえて、一頭の不足は干鱈《ひだら》二枚をもって補うと記している。

古来御頭祭は神人同座で会食するのが祭の主要部分であり、……鹿肉八十九貫、酒三石四斗余……の大盤振る舞いだった。

諏訪大社「御頭

シカの頭供え 五穀豊じょう祈る

H12.4/16

茅野市の諏訪大社上社前宮で十五日、農作業が本格化するのを前に五穀豊じょうを祈る「御頭祭（おんとうさい）」が行われた＝写

五十人が、ご神体を象徴する御霊代（みたましろ）を乗せたみこしと共に、約一・五キロ離れた諏訪市の本宮から行列を成して移動。シ

てシカの肉は貴重な食料で、頭は最高のもてなしを象徴している。この祭りのために狩った中に、必ず耳の裂けたシカがいたという

シカの頭を供える諏訪大社上社の「御頭祭」を伝える新聞記事（『信濃毎日新聞』平成12年4月16日）

同じ諏訪神社でも所変われば品変わるで、「福島県東白川郡喬木村伊香《いこう》の諏訪神社では、祭のたびに熊の頭を供えたもので、その白骨が神社の前の家にるいるいと積んであった」（早川孝太郎『猪・鹿・狸』一九二六年、一八頁）。

また静岡県の大井川の上流で南アルプスに近い田代部落の諏訪神社では、八月の祭りにはヤマメを神饌としている。上流で釣ったヤマメはまず現地の川原で、長さ二メートルほどの丸太三本を三脚状に組んでその頭からシナノキの皮に刺して吊し、祓詞を奏上してお祓いをしてからツガの木の皮にイタドリの葉を敷き、シナノキに刺して途中おろすことなく宮司の家へ届ける。宮司の家では粟飯を炊き、ヤマメに塩をして重石をして押しずしを作り、これをイタドリの葉に乗せてシノダケの箸を添え、神酒と共に神前に供えるのである。これは諏訪大社から同社を分神してくる時に教わったそのままを今に伝えているとのことである。

このほか、琵琶湖に流入する各河川には、特産のビワマスの稚魚を多く産し、アメノウオと呼んでいるが、東浅井郡びわ町南浜の、南浜神社、八幡神社、和田神社で行なわれるアメノウオ祭りには、アメノウオやアユが神饌として献供されていた。また、東京台東区東上野の報恩寺では毎年一月に行なわれる式典には、茨城県結城郡の飯沼天満宮から献上の大コイ二尾が供えられ、参列者が念仏供養する（矢野憲一『魚の民俗』）。

また諏訪上社で正月に行なわれる〝蛙狩り〟の神事は、諏訪の七不思議の一つとされている。これも神饌行事の一つで、境内の御手洗川《みたらし》に二人の仕丁が入り、二匹の蛙を生け捕り、これを柳の弓に篠竹の矢で射抜き、そのままの姿でこれを神前に供える神事である。

奈良県吉野町国栖《くず》の浄見原《きよみはら》神社でも旧暦一月十四日の例祭には、ウグイと共に蛙を供える習わしがある。

九州では猪の頭を供える神社がある。宮崎県西都《さいと》市銀鏡《しろみ》神社がそれで、神楽祭には今でも一〇頭の猪の頭を神前に並べて供える。これも生贄の名残りと考えられる。

(二)　豊猟・豊漁祈願と供え物

〝神頼み〟という言葉がある。「人間の力は弱いもの、それに対して神の力は強く全知全能で、あらゆることを知っていて、すべての世界を支配しているのが神だ」という考えのもとに、希望することが成就するように、すこしでも多く、願いごとが叶うようにと、神様にお願いするのが神頼みである。そして、その願いごとが叶うよう、聞いてもらえるよう、心付けするのがお供えやお賽銭である。

自然の中での狩猟や漁撈は、畑や田圃で自分が栽培しているものを採ってくる農業と違い、野生動物が相手であるから、捕れるか捕れないかはまったく未知数で、捕ってみないと、結果を見ないとまったく分からない生業である。

そんなところから、狩猟や漁撈では、昔から豊猟や豊漁祈願の神頼みが行なわれてきた。

マタギの集落として知られる秋田県北秋田郡阿仁町の、根子・比立内・打当などの集落では、どこも山の神様を祀ってある。根子ではこの神様をサンジン様、比立内・打当ではヤマノカミ様と呼び、根子のマタギたちは今でも猟に入山する時にはこの神社にお参りし、お神酒をいただいて猟の多いこと、山中での災難を免れることを祈願する。またほとんどの家で山神像を祀るか、山神の掛軸を秘蔵していて、猟に出る時は豊猟と身の安全を祈って出猟する。

このほか入山に際してマタギのシカリ（頭目）は、秘蔵の「山立根本之巻」とオコゼ（一種の魚の干物）を必ず持参し、狩り小屋の山神に供えて豊猟を祈願する（山の神とオコゼについては、詳しくは第三節で述べる）。

仙北郡の上檜木内・西明寺などのマタギも、入山に際してオコゼ（オコズ）を一二枚の紙に包んで持参し、豊猟にしてもらうために時々上の紙を剝いでオコゼを出して見せるそぶりをし、山の神の気を引くようにして願をかけるという。

九州にも似たような習俗がある。「五木の子守歌」で知られる熊本県球磨郡五木村でも山の神信仰が盛んで、ここでも山の神は女神で、猟師たちは猟に入山する時は山の神様に、「大きなしし（猪）がのさった（捕れた）ら私の男根を見せますから」と、気を引く言葉をかけて祈願して入山する。そして実際にイノシシが捕れるとすぐ、その場で仲間が近寄る前に自分の男根を出して握り、「イセマツジョ」を歌ったという。

また柳田国男の『後狩詞記』にも載っているが、熊本県や宮崎県の猟師の間には猪捕りの入山に際してはオコゼを百枚の紙に巻いて持参し、猪が一頭捕れるたびに一枚ずつ剝いだものだという。そうすると猟に恵まれるといわれた（逆に、一頭捕れるたびに一枚ずつ紙を増やしてゆくという猟師もあるという）。

山の神様（長野県大町市大出）

豊漁を願う気持ちは猟の場合と同じである。川島秀一さんの『漁撈伝承』（法政大学出版局、二〇〇三年）によると、海の漁師たちは大漁を願って昔から山の猟師（マタギ）以上に縁起をかつぐ集団であるとのこと。三陸海岸の漁師たちは沖へ出た時、自分の漁場を早く探し出し網を入れる位置を決めるのに、北上山脈の山の姿を見て決めるが、このことを「山を計る」とか「山に乗る」といい、山の神様に「オクズを見せますから早く山を見せて下さい」などと話しかけ、機嫌をとり大漁を願う。オクズとはタツノオトシゴで、どうも語源はオコゼと関係があるように思われる。その証拠に仙台ではオクズといわずオコゼと呼んでいる。

岩手県大船渡市の山間部などの猟師が入山に際し懐に入れて行き、山の神のご機嫌をとるものは、タツノオトシゴの他に干上がったトカゲやサンショウウオ、モズの早にえなどのグロテスクなもので、ここでは「オクチコ」と呼んでいる。

『遠野物語拾遺』の二一九話に出てくるオコゼは、山野の湿地に自生している、キセル貝の一種だというし、近年でも海の漁師たちが大漁に特殊な力を持つと言って遠野市へ採りにきている動物は、手足の多いサンショウウオ、イモリ、トカゲ、カナヘビなどで、干して山の神に祈願する時に用いるとのことで、「オクチコ」と呼んで、漁撈関係者ばかりでなく、賭事や商人の間や、遺失物を探す時にも使って効があると言っている。

岩手県釜石市の漁師たちは、それぞれ「オコゼ」を桐の箱に入れて隠し持っていて、出漁の時は大漁を願ってこれを持って船に乗るとのことだが、ここのオコゼは巻貝、モズの早にえの枝にささった蛙の干物だったり、ヘビの抜けがらである場合もあると言う。

北海道の各河川には、秋になると大量のサケが産卵のために溯上してくることで知られているが、アイヌの人々は昔からこのサケを捕獲して主食の一部としてきた。

それでアイヌの人たちは、各河川ごとにサケ漁が始まる前の十月には、大漁を祈願してイナウ祭りをして漁を始めた。イナウ（御幣）は、ヤナギやミズキの生木を伐り、神主がお祓いの時に使う幣《ぬさ》のような削りかけを作って、供えたり捧げたりして踊りを踊る。この祭りをする前はサケは捕ってはならないことになっている。

㈢ 豊猟お礼と供え物

クマ、イノシシ、シカなどの大型獣を捕ると、山の神への感謝のお礼と、今後も豊猟をお授け下さるようにと願って、供え物をするのは全国どこにも見られる習俗である。

まず熊を捕った時の様子から見てみよう。秋田・山形などの東北地方から、新潟県の一部にかけてのマタギと呼ばれる大型獣の猟を専門とする人たちは、ツキノワグマを捕ると解体に先だち、まず膵臓をとり出し、トリキ（オオバクロモジ）の枝に刺して山の神に供える。

栃木県上都賀《かみつが》郡加蘇地方の猟師仲間では、この神事に串に用いる木は、アラハガと呼ぶカエデの仲間のチドリの木だ。

秋田県北秋田郡阿仁町栩木沢では、初めて熊を捕った時には、クスノキ科の低木で、良い香りのするクロモジの枝を伐って串を作り、心臓三切、左の首肉または背肉三切と肝臓三切ずつの九切れの肉を三本の串に刺し、右手に持ったまま焚き火で焼いて山の神に供える。これを「もちぐし」といい、神に供えると共に猟師たちも分けて食べる。

長野県の北アルプス方面では、クマやカモシカを捕ると、まず山の神とかナベの蓋と呼ぶ膵臓をまっ先にとり出し、これを山の神様に感謝とお礼の気持ちを込めて捧げ、お祈りをしてから解体にかかる。

富山県の黒部谷の宇奈月町方面の猟師はクマを捕ると、とく（解体する）時に皆で、「ホイ、ホイ、ホイ」と三回唱えて山の神様に感謝してからとく。今はやらないが以前はクマを捕ると、次回そこへ行く時に家から直径二〇センチくらいの鏡餅を二個と御神酒を持って行ってその場へ供え、山の神様に感謝をしたものだ。

富山県でも婦負《ねい》郡の細入村、東礪波《となみ》郡の平村、利賀村、下新川郡の朝日町蛭谷では、最初に取り出して山の神に供える脺臓をタチと呼んでいる。脺臓を山の神様に供物とする儀礼は東日本に一般的で、これをタチ（太刀の意）と呼ぶのも普通である。脺臓をタチと呼ぶのはこれが長さ三〇センチ、幅六センチ、厚さ一センチほどで太刀に似ているからで、山の神様へ金属製の太刀を奉剣するのも一般的である。

これらの地域でも利賀村や平村では、タチを供えるのは猟に参加した最古参者か仕留めた者が、目をつぶって肩越しに、後ろへ投げて山の神に供える仕草をする。婦負《ねい》郡八尾《やつお》町谷折でも、山の神に供える仕草は同じだが、ここでは脺臓をシャクと呼んでいる（森俊『猟の記憶』桂書房）。

また立山町の芦峅寺《あしくらじ》では脺臓のことをセンビキマンビキと呼んで、解体に先立って取り出し、切りきざんで四方および恵方《えほう》に撒くが、この行為は、お礼と共に次の豊猟を祈願する行事だとされている。

このセンビキマンビキと呼ぶ呼び方は特異な呼び方で、どうも大猟に対する感謝よりも、「千匹も万匹も続けて捕らせて下さい」という願望の言葉のようである。

次にイノシシを捕った時の様子について、まず最初は千葉徳爾著『狩猟伝承』から見てみたい。

沖縄県国頭《くにがみ》地方では、イノシシを捕ると家に持ち帰って解体し、まずキモ（肝臓）を取り出し、皿などにのせて猪が捕れた山の方角に向かい、「山の神様ありがとうございました。また山に行ったら山の幸をお恵み下さい」と唱えながら、これを供える。人によっては心臓に切れ目を入れて捧げる人もあるという。

また鹿児島県東部の志布志町四浦では、心臓（フクマル）と鼻の先と尻尾を山の神にまず供えるという。

兵庫県淡路島の洲本市相川では、猪を捕ると解体してキモを出し、「山の神にあげます」と唱えて、その辺の草むらの上に供えるという。

静岡県の長野県境に近い山村では、猪を撃ち捕るとその場で首のイカリ毛を抜いて山の神に供え、感謝の唱えごとをするのが昔からの習わしである。まず手ごろな木を伐って皮をむき、先を割って串を作り、そこへ抜いた毛をはさんで立て、唱えごとをしたものだ。

長野県でも猪の多い伊那谷の南信濃村梶谷の猟師は、獣を捕った時はいつも懐にしている赤白の紙を木の枝に結び付け、山の神に感謝の気持ちを表わす。白い紙は女の山の神様、赤い紙は山で事故死した人の霊に捧げるのだと言い伝えられている。

また南アルプスの猟師は、猪を捕ると、現地で解体しキモ（心臓）を取り出して、やぶに掛けるか岩の上に供え、山の神にお礼を申し上げ、「またもうけさせて下さい」と祈る。

九州宮崎県の椎葉村（東臼杵郡）でも、猪を捕ると胸を割り、心臓を取り出して串にさし、木の股に飾って山の神に感謝するという。

捕ったツキノワグマの豊猟祝いを前に，駆けつけた仲間と解体に入るところ

同じ九州でも大分県大野郡の狩人たちの間では、猪を捕るとまず解体に先立ち心臓（こうざきと呼ぶ）を取り出し、あらかじめ用意してある白紙もとり出して、この心臓の血をもって日の丸状に白紙の真中を赤く染める。でき上がった日の丸の旗状の紙は、近くの木を伐って竿を作り、これに付けてそこに立て、山の神に感謝する。

鹿（ニホンジカ）を捕った場合はどうだろう。

南アルプスを猟場とする長野県の遠山谷の猟師は、鹿を捕るとその場で解体し、まずみぞおちの所にある膵臓を取り出し、木の枝に掛けて山の神に供え、豊猟を感謝する。これをやぶ掛けと呼んでいる。

同じ長野県でも八ヶ岳山麓の猟師は鹿を捕ると、解体に先立ちまず心臓を取り出し、細い木の両端を削った串二本を作り、これに心臓を刺して山の神に捧げる。この時の唱え言葉は、「オンアボキャーベーロンヤーノ……」で、これを三べん唱えた後解体を行なう。

奈良県吉野郡天川村では、その場で舌を切り、これを山の神に供えるという（千葉徳爾『狩猟伝承』法政大学出版局、一九七五年より）。

㈣　豊猟祝い・豊漁祝い

ねらっていた獲物が捕れたり、大漁となった時は、大なり小なりお祝いをするのは昔からの仕来りである。
秋田マタギの猟師たちは、狩猟から村に帰るとまず山神様にお参りしてからシカリの家で獲物を分配する。これが終わるとシカリが正座に座り、あとは年齢順に席につき、ここでまた山の神に御神酒を上げて祝宴をする。これを解散祝いと言っている。
秘境で知られる長野県の秋山では、クマを捕るとまずその場で山の神様へお礼の祝砲を鳴らす。そして家まで引っぱってくる。家の近くまでくるとまた空砲を鳴らし、クマ捕ったゾーと皆に合図する。そしてクマ曳き歌を唄いながら家まで曳いてくる。この歌は地区によって多少歌詞が異なる。屋敷地区で唄われているものは、
ヘーヨー　めでたーめでたがー三つかさなりてー　ヘーヨーイトナー

ヘーヨー　恵比寿　大黒　福の神ー　ヘーヨーイートナー　ヨイトナー
ヘーヨー　西の大グマーオレが捕ったー　ヘーヨーイートナー　ヨイトナー
ヘーヨー　爺様も　婆様もー見てごらんー　ヘー　ヨーイートナー

こうしてクマを曳いて家に帰ってくると、まず神棚に灯明をつけて山の神様その他の神様にお神酒を上げてお参りする。それが済むと解体にかかり、その後内臓を煮て、参加者はもちろん、集まってきた村の者皆でお祝いの酒盛りをして猟を祝う。

南アルプスの麓の大鹿村でも猟師は大物が捕れると、自分の家に親戚、友人、隣人、猟師仲間を招いて豊猟祝いをする。これをここでは「矢祝い」と呼んでいる。

同じ南アルプスでも遠山谷の猟師は、矢祝いと言わず、クマを捕った時は〝熊祭り〟という豊猟祝いを行なう。上村の程野では捕った熊の顔や体をきれいに拭いてやり、座敷に敷いた粗むしろの上に座らせ、ころばぬように縄で吊って支え、熊の前には灯明や酒を上げ、柿や庭の花なども供え、そばには鉄砲を立てかける。

こうして準備ができると、招待された人たちが次々に祀られたクマに祈ってから祝宴に入る。

隣村の下栗でも熊祭りが行なわれている。ここでも捕ったクマは座敷の上座に運び込まれ、両手を広げて直立させるか箱の上に座らせ、倒れないように縄で吊り、月の輪には注連縄が張られ、白紙を切ったけい垂れ（幣束）が下げられる。祭りは座敷の戸を開け放って夜間行なわれる。祭場には親戚、知人、近所の人が招かれて集まり、神主が真言を唱えて儀式が終わると、後は楽しい酒宴となる。

この遠山谷での〝熊祭り〟は豊猟を祝う祝宴というより、クマの霊を送る慰霊祭の色彩が強く、どこか北海道のアイヌ民族が行なう、シマフクロウやクマを神の国へ送る、イオマンテの儀式に通じるものがあるような気がしてならない。
クマやイノシシなどの大物獣を捕って帰る時の猟師の気持ちは、まさに凱施将軍の気持ちと同じであり、これを迎える人たちの気持ちも同じである。九州の阿蘇や五箇庄でのその様子を、早川孝太郎は『猪・鹿・狸』の序文に、次のように述べている。

狩場の帰りは武士でいえば、まさに凱旋の鼓舞であった。それで九州の阿蘇や五箇庄の狩人たちも、獲物があればまず法螺《ほら》を吹き鳴らして合図をし、山の神への歌を一同で合唱しつつ山を降《くだ》った。その声を聞いて、山口まで女子供までが迎えに出た。ほんとの坂迎えである。また南会津の桧枝岐《ひのえまた》などでは、獲物を胴締《どうじ》めと称して曲物《まげもの》の桶胴《おけどう》を臓腑を抜いた獲物に入れて生けるがごとき姿とし、これを若者が負って村人の出迎えのなかを行進した。その行列のなかには前の狩りに獲た初矢の誉れの巾着《きんちゃく》を腰のあたりに見せている者もあった。話を聞いただけでも光景が眼に浮かぶようである。

あるいは、また、獲物の下顎骨を飾っておく風も、前にあげた福島県の伊香《いこう》だけではなかった。肥後の五箇庄の平盛春永氏の家には、座敷の長押《なげし》に猪の下顎が、数にしてほぼ二百あまり、ずらりと並べて飾ってあった。惜しいことに家が火災にかかって、ことごとく失なってしまった。

このような光影も豊猟祝いの一つの姿と見てよいであろう。
次に〝大漁祝い〟であるが、船隊を組んで漁に出かけた船が、大漁を得て港へ帰ってくる時も凱施将軍と同じ気持ちだ。漁師たちはあらかじめ用意して持参している〝大漁旗〟を思い思いに立て意気揚々と港へ帰ってき、その夜は祝宴となる。

㈤　鳥獣魚介への殺生供養

生業とはいえ、生きた動物を殺すということは、たとえ昆虫一匹でもむごいことである。殺生とは生あるものの命を断つことで、仏教では最も慎むべきこととされている。狩猟も漁撈も殺生がともなう行為である。生あるものの命を奪う行為であるから心おだやかでない。そこで獲物を仕止めた時は毛祭りとか血祭りということをして、その霊を祀ることが行なわれる。

九州の鹿児島辺では猪を捕ると、その猪をアキの方角に向けて伏せ、山刀と血の付いた木の枝を上にのせて、猟師は頭を下げて成仏を祈り、その枝を持ってお払いをする。これを血払いまたは血祭りと言っている。

マタギで有名な秋田の根子では、クマを捕ると、小枝でクマの尻の方から頭の方へ向かって三度なでて、「南無ザイホウジュガク仏」「コウミョウシンジ」と三回となえ、「これより後に生まれて良い音を聞け」と引導を渡す言葉を唱えて拝む。

九州の各地には「千匹塚」または「猪鹿二百供養」「猪鹿三百供養」などと彫った、享保十二年とか元文三年などの建立年が見られる供養碑が多く山中に建っている。

100頭,200頭と猪や鹿を捕ったのを記念して山中に建てた供養碑（佐賀市開成）

このような供養碑が見られるのは九州地方の特徴で、昔は猪や鹿が多く棲んでいたとはいえ、こんな数を一人で捕ったものか、どのようにして捕ったのか疑問は尽きない。これらの碑は人間によって命を奪われた動物の霊を慰めるために建てられたものであるが、同時にこれだけの数を打ちとったという名誉を示す記念碑でもあり、建立した時の供養の法事は、豊猟を祝う祝宴をも兼ねていたと思われる。

このほか各地に祀られている供養碑や慰霊碑的なものに、そこの主といわれた魚だとか蛇などを捕ったその祟りで一家が死に絶えたとか、疫病がはやってムラ中の人がその病気にかかったので、その動物の霊を慰めるために碑を建てて毎年供養しているものがたくさんある。また海辺では、和歌山県の太地《たいじ》町や三重県海山《みやま》町、北牟婁《むろ》郡白浦、東京品川などのクジラ、三重県尾鷲《おわせ》市須賀利町や度会《わたらい》郡南島町などにマグロの供養碑などがあるという。

近年では、食膳を賑わせる鳥獣や魚介について、猟友会や漁協、調理師会が「供養碑」を建て、毎年供養するところが多くなった。

二　動物を神または神の使いとして祀る

オオカミ、キツネ、サル、サケなどの動物を、祭神または神のお使いとして祀り、その動物の方が祭神よりも有名だったりする神社や寺院が全国に結構多い。ここではそのような動物に焦点を当てて見てみたい。

オオカミ

オオカミ信仰は、火難・盗難除けや、農作物を害獣から守ってもらったり、病気平癒や失《う》せ物探しのた

三峰神社（埼玉県秩父郡大滝村）と眷属として祀られているオオカミの像

めに、オオカミを「眷属《けんぞく》」として祀る神社や寺院を通じての信仰が多い。オオカミを祀る神社や仏閣は埼玉県の秩父地方をはじめ、東京、静岡、山梨、長野、京都、奈良、岡山、兵庫、岩手、福島など全国の広い範囲にわたって見られる。

埼玉県内を見ても、秩父郡内の猪狩神社、若御子神社（以上荒川村）、三峰神社（大滝村）、龍頭神社（小鹿野町）、岩根神社、宝登山神社（以上長瀞町）、蓑山神社（皆野町）、城峯神社、椋神社（以上吉田町）、両神御嶽神社、両神神社（以上両神村）の他、大里郡寄居町の釜山神社、児玉郡神泉村の城峯神社、神川町の金鑚神社の合計一四社があり、いずれも「大口真神」（お犬様）を祀り、お姿と呼ばれる神符を領布しており、個人や講または地域を挙げて信仰している範囲は広い。

なかでも大滝村三峰山にある三峰神社信仰は関東甲信越地方ばかりでなく、遠く岩手県胆沢《いさわ》郡衣川《ころもがわ》村にも分社があり、全国に広く知られ、信者も多い。

秩父地方にこのようにオオカミを祀る神社が多い理由は、この地方の開基にあるようだ。オオカミ信仰のメッカである三峰神社の縁起によると、「東夷平定のために遠征していた日本武尊が、平定後の翌年武蔵国上野国（埼玉県秩父地方）に至る。雁坂の山を越えて

山犬の子とされる光前寺の早太郎像（長野県駒ヶ根市）

三峰山に至る途中、道に迷っている時、白い山犬が現われて道案内をした。……尊はここに仮宮を建て、伊弉諾《いざなぎ》、伊弉冉《いざなみ》の二神と、二神の御子であり山の神である大山《おおやま》祇神《つみのかみ》を同時に祀ると共に、その眷属である山犬も神の使者として祀った」ということである。

オオカミ信仰のご利益は前記したようにたくさんあるが、江戸時代から明治の初めまではまだニホンオオカミは健在で、各地に生息していて、たまには子どもや馬などを襲うこともあったが、当時農山村では焼畑が盛んで猪や鹿による被害が多かった。で、農民はこれらの害獣の天敵であるオオカミにお願いして、田畑を守ってもらうべく、オオカミを眷属として祀っている前記の神社を信仰し、毎年例祭の時には各地区から代参が参詣しお籠もりをする。お籠もりを終えた参詣者たちは、翌朝は早く真殿において行なわれる祈禱の席にも参列し、これが済むとお札をいただいて帰郷し、そのお札を講員の各戸に配る。お札を受けた講員は、そのお札を戸口や神棚に貼ったり、竹や棒にはさんで田畑の畦に立てて猪鹿除けとする所が多かった。

静岡県磐田郡水窪町の山住神社、同県周智郡春野町の大光寺や、京都府加佐郡大川神社などもオオカミを使者とする神社で、農家を中心として他県にまで、田畑の作物を害獣から守ってもらうことを中心に信者を集めてきたが、明治以降は焼畑も少なくなり、猪や鹿害もあまり見られなくなったので、盗難や火災除けなどを主とする信仰に変わってきている。

また岩手県の前記三峰神社信仰は、落とし物や盗まれ物などの失せ物を探し出すのにご利益があることで知られている。

福井県三方郡三方町藤井の向陽寺は、別名「狼寺」と呼ばれ、北陸三県地方に知られた寺だ。その由縁は同寺の開山伝承に基づくもので、開基大等禅師が山中で座していたところ、突然狼が現われ苦しそうにして口を開けて近づいた。見ると喉に人骨がささっている。そこで和尚が象牙製の袈裟《けさ》の輪で狼の喉をさすってやると、人骨は難なく取れた。狼はその後、この恩に報いんがため、長く同寺の守護となったという。これは開基の威徳、仏法の功徳をオオカミに結びつけた、動物報恩譚である。

長野県駒ヶ根市の光前寺に伝わる霊犬早太郎伝説も似たような話である。昔、駒ヶ岳に住んでいた山犬が、光前寺の縁の下で子を生んだ。和尚が親切にしてくれたので、山へ帰る時にお礼に子犬を一匹残して行った。和尚から早太郎と名前をもらい、大事に育てられたこの犬は、やがて遠州見付村の天神社の祭日に、人身御供とされた娘を助け、怪物の狒々《ひひ》に喰いつき喰い殺して退治するという物語である。

キツネ

キツネを祀るといえば、まず頭に浮かぶのは稲荷明神であろう。稲荷神社というと、三大稲荷といわれる京都伏見稲荷山の麓にある伏見稲荷大社、茨城県笠間市にある笠間稲荷神社、佐賀県鹿島市の祐徳稲荷神社をはじめ、東北地方では宮城県岩沼市の竹駒稲荷神社、奈良県の源九郎稲荷、神奈川県の佐介稲荷、愛知県豊川市の豊川稲荷など全国に数多くの稲荷神社があり、農業をはじめ招福、商売繁昌、家内安全の神とされるほか、学業成就、縁結び、防災、交通安全など広く信者を持つ神社として知られている。

稲荷神社の祭神は、ほとんどの神社が五穀を司る神または農業の神とされる宇賀御魂命《うがのみたまのみこと》か倉稲魂命《うかのみたまのみこと》を主神として祀っている。宇賀御魂命はスサノオノミコトが、大山津見命の娘の大市比売命と結婚して生んだ子だし、倉稲魂命はイザナギとイザナミの二神の子、または二神は同一神という説もあり、伝説上の

キツネが神の使いとして鎮座する稲荷神社（松本市）

神だからよく分からない。

　一方キツネを神とし、またはその手先とする信仰は、元は渡来人によって持ち込まれたようだが、奈良時代に成立した『日本霊異記』などに見られるように、九世紀の初めにすでに存在していたようだ（中村禎里『日本人の動物観』海鳴社）が、その信仰が民衆の中で確固たる地位を得るのは、伏見稲荷の神の手先としていろいろな事件に関係してゆく過程であろう。その辺のことは『稲荷大明神流記』に載っており、キツネは年代と共に次第に田の神としての性格を持つようになる。

　そして空海を始祖とする真言密教の修法の対象としてのダキニ天がキツネと同一視されたので、真言宗の隆盛と共に各地のキツネ信仰が稲荷に集結されていった。

　豊川稲荷や岡山県倉敷市から入ったＪＲ吉備線の高松駅近くの高松最上稲荷はダキニ天像を守護神とするが、像は白狐にまたがる女神像で、キツネはダキニ天の使獣とされている。

　以上のようなわけで、稲荷の本地ダキニ天が狐霊の夜叉であるとされ、稲荷はキツネの異名にまでされるようになってしまった。そしてキツネは神の使者から次第に格が上がって神として祀られるものも現われてきた。

　長野県塩尻市の近くの桔梗ヶ原は、昔はどこまでも草原が続く原野で、ここには玄蕃《げんば》之丞《のじょう》と呼ばれる有名な古狐が棲んでいた。

玄蕃之丞は化けることと人を化かすことが上手で、多くの子分を持っていて、その子分を引き連れて嫁入り道中を演じて見せるとか、大名行列の真似などの大がかりないたずらを何度もやって見せたという。そして今彼女（？）は桔梗ヶ原の一角に、「玄蕃稲荷大明神」としてあがめ祀られている。

タヌキ

タヌキにも、佐渡の二ツ岩、淡路島の芝右衛門、四国屋島の禿狸など、全国に名を知られるほどの大親分がいて、語り種として今も残るような大戦をしたり、人のために善行をするなどして、民話や妖怪文学に取り上げられるほか、地元の人たちから神として祀られているものがある。タヌキの民俗研究家宮沢光顕著『狸の話』を参考に、その主なものを拾ってみると、

○団三郎狸を祀る二ツ岩厳王大善神（佐渡島）

新潟県佐渡郡（現佐渡市）の、佐渡金山で知られる相川町にある。市街地から車で約一〇分。〝二ツ岩大明神〟ののぼりに続いて赤い鳥居が見えてき、その奥に続いて、願をかけた鳥居がたくさん建っている。その奥の洞穴が大明神に祀られた親分の団三郎狸とその一族の棲家といわれている岩穴で、その前に本殿が建っている。

○分福《ぶんぶく》茶釜の守鶴狸を祀る茂林禅寺（館林《たてばやし》市）

分福茶釜の寺茂林禅寺は、群馬県館林市の茂林寺前駅の近くにある。山門の間の両脇には大きな狸の像が参詣者を迎えてくれる。境内には分福茶釜になった古狸の守鶴和尚狸を祀る〝守鶴堂〟がある。分福茶釜は茂林寺の宝物となって今も残っている。

○相州狸菩薩（相模原市）

佐渡タヌキの親分団三郎狸を祀る相川町の二ツ岩大明神．願かけのために建てたたくさんの鳥居の奥に本殿がある（相川町提供）

分福茶釜の民話で有名な茂林寺（群馬県館林市観光協会提供）

相州（神奈川県）の狸族の総親分といわれた古狸を、慈悲深い菩薩として祀っているのは、相模原市田名の久所地区のはずれ。この菩薩様は、火傷や腫れ物にもご利益があるといわれている。

○柴右衛門狸を祀る柴右衛門神社（淡路島）

兵庫県淡路島洲本市の洲本港から徒歩二〇分ほどの所にある。柴右衛門狸はこの島の三熊山に棲んでいた古狸で、全国に名の知られた狸。芝居が好きで大坂道頓堀の中座に通い、木戸銭に木の葉を使ったのを犬に見破られ噛み殺されたという。芝居が好きだったので、芝右衛門狸ともいわれている。

○禿狸を祀った白禿大明神（高松市）

香川県は高松市の五番町に、京都知恩院の末寺といわれる浄願寺がある。昔この寺の近くに貧しい老夫婦がいて、年老いた禿狸を大事にして可愛がっていた。晩年、生活に困ったこの夫婦を助けるために、恩返しと思って茶釜に化けて売ってもらった。やがてこの茶釜は福を招くということで有名になり浄願寺に神として祀られる。

○禿狸を祀る蓑山大明神（香川県屋島）

日本三名狸の一つとして知られる屋島の禿狸は、別名を太三郎狸ともいう。屋島寺の本尊の千手観音菩薩の使いとしてよく働き、化け方も天下一で、四国中の狸の親分とあがめられ、法名を蓑山大明神という神として祀られている。

○八股榎お袖大明神として祀られる雌狸（松山市）

昔四国松山城の近くに、たいそう酒好きの雌狸がいて、美女に化けては町に現われ、美男子の袖を引いては飲んでいた。が、ある時飲み過ぎて正体がばれて捕えられた。改心を約束して許されてからは、縁遠い女性の縁談をまとめるのに力を尽くし、やがて〝お袖大明神〟として松山城の堀端に祀られ、縁結びの神としてしたわれるようになった。

○小女郎狸を祀る小女郎大明神（愛媛県新居浜市）

昔小女郎狸という雌狸は新居浜にある一ノ宮神社のお使いをしていたので、その功績をたたえて同神社の境内に招福神として〝小女郎大明神〟として祀っている。

○金長狸を祀る金長大明神（徳島県小松島市）

四国狸の横綱格の金長狸は、六右衛門狸と共に有名な阿波狸合戦の総大将だった狸。映画化もされたほどの狸で、小松島港からすこしのところに、正一位金長大明神として祀られ、強運・招福の神として知られている。

このほか、徳島の庚申山には「新八大明神」も祀られている。

○南蛮渡来の古狸を祀る魔法宮（岡山県御津郡加茂川町）

昔、南蛮船で日本に密航してきたという古狸が、伊勢詣での馬にただ乗りして備中国の加茂川へやってきて、人間に化けて遊女遊びに明け暮れていた。が、やがて悟るところがあって改心、牛馬の難儀や人助けなどの善行をしたので人びとにあがめられ、同町の円城にある黒喰山に祀られ〝魔法宮〟と名づけられたと伝えられる。

長野県小谷村大綱に伝わる「猿牛曳符」の版木

サル（ニホンザル）

サルを使者としていることで有名なのは、滋賀県大津市坂本の比叡山の麓にある日吉《ひよし》（別名ひえ）大社である。琵琶湖の辺には古くからサル信仰があったようで、『日本霊異記』にはインドの大王が死んでサルに生まれ変わり、近江国の野洲《やす》郡の社の神となったという説話が載っているが、野洲郡は琵琶湖をはさんで日吉神社の対岸の地域である。

サル信仰では民間に広く浸透し、六〇年ごとの庚申の年に石碑を建てる習慣のある庚申信仰と三猿がある。庚申塔は文字だけのものもあるが、大部分のものは青面金剛のいかめしい本尊の姿と、その下に「見ざる、聞かざる、言わざる」の三猿の姿を彫った石造物が多い。見ざる、聞かざる、言わざるとは、人世処世上の教訓として、悪いことは見ない、聞かない、言わないということを、三匹の猿が目、耳、口を塞いだ姿で教えているものである。

この三猿の創案者（創始者）は、天台宗の伝教大師最澄だと伝承され、仏教を広めるために使われたものだとされている。しかしこの方面の調査研究を、外国にまで渡って調べておられる小花波平六氏によると、その嚆矢ははるかに古く、古代インドやカンボジアのアンコールワットにも三猿三塞体の姿のものがあるというし、イラクのバクダットからは紀元前十四世紀の三塞型の土偶が発見されているという。

ところで、民間の農山村では、江戸時代の中期から厩の守護神として猿を信仰する風習が広く流行し、猿が駒や牛を曳いている刷り物を配布する所があって、馬や牛を飼育している家では、このお札を馬厩や牛厩に貼る所が多くあった。

例えば、岩手県早池峯山の大迫《おおはざま》口の妙泉寺では、慶長年間から「駒曳き猿」の守札を、藩主南部公の推奨のもとに、領内に広く配布していた。南部藩は駒の産地としても知られていた所なので、駒の増産と繁栄をはかる意図も込められていたようだ。

長野県と新潟県との県境の村、長野県北安曇郡小谷《おたり》村の大網には、日本海方面と内陸との間の生活物資運搬を中心とした「千国街道」が通っていたが、ここは山坂が多く馬の通行は無理なので、牛の背による輸送がもっぱらであった。で、農家ではどこも、牛を飼育して今日に至っている。そんな土地柄なので、ここでは江戸時代から今日まで、毎年正月には、ムラに保管してある版木で刷った「牛曳き猿」の守り札が各戸に配られ、家々ではこれを牛厩や広間の壁に貼って、牛の安全を祈ってきている。

また太平洋戦争の前までは、猿大夫《たゆう》という祈禱師が家々を巡り、馬屋で祈禱したり、〝猿曳き〟とか〝猿まわし〟と呼ぶ旅回りが盛んに各農家を回ってきて厩繁盛や牛馬の安全を祈ったりした。親方が背負ってきたサルを背から放すと、サルは親方の太鼓と掛け声に合わせて手に持った幣帛を振りながら厩の中をはらい清めて回り、今度は帛を口にくわえて柱をかけ上り、屋根裏を回り、最後は馬の背に乗ってはらい納めをしたが、その間、馬はすこしも驚かず静かにしていた。

日光の東照宮でも厩の守護にサルの彫刻が施されていることは有名だ。

鹿（ニホンジカ）

奈良の春日大社や広島県の安芸《あき》の厳島神社ではシカを神獣として飼育したり、神の使者としていることは一般に知られている。この他にもシカを神の使者としている神社は、京都の賀茂神社や鹿島神宮（茨城県鹿島郡鹿島町）、香取神宮（千葉県佐原市）、熱田神宮（名古屋市熱田区）、諏訪大社（長野県諏訪市）などがある。

烏

カラスが神の使いとして日本の歴史に現われるのは、初代天皇の神武天皇が、熊野から大和入りを果たす時に、奈良の吉野の辺で道案内として天照大神がつかわした八咫烏《やたがらす》が大いに活躍し、役立ったと神話に語られたことに始まる。

この古事の関係か、カラスは今も熊野信仰とは深い関係にある。七月十四日に行なわれる「郡智の火祭り」の神事には、黒布の烏帽子《えぼし》をかぶった神官が、檜の削りかけでお祓いをする「八咫烏の神事」が今も行なわれている。

また熊野三山が発行する「烏牛王《からすごおう》」はその昔、山伏が呪符として最も重要視したもので、牛王法印の文字を神の使いの烏の群れでデザインした斬新な図柄である。源義経など重要人物がしばしば起請文として使ってきたといわれ、これが民衆にも広まり、江戸の吉原では、女郎たちが客への誓紙（誓いのことばを記した紙）に用いたといわれている。

このほか広島県宮島町にある厳島神社、滋賀県犬上郡多賀町にある多賀神社、名古屋市熱田区の熱田神宮や愛知県津島市にある津島神社、鳥取県の大神山神社、山口県大島郡の志度石神社や玖珂《くが》郡柱野の杉森大明神などで、今も烏呼び神事とか烏喰《とりはみの》神事、お烏喰《とぐい》式などと呼ばれる神事が行なわれている。

これらの神事はいずれもお供えなどの食物を投げてカラスに食べさせたり、その食べ方などで占いをする行事で、カラス信仰と深い関係を持ってきた行事である。

蛙

カエルは古くから田の神の使者とみなされてきた。農家では秋の収穫が終わった時には、「案山子《かかし》あげ」などの収穫を感謝する行事を行ない、餅を搗いて供えるが、カエルはこの餅を背負って神様の所へ行くのだといわれている。

長野県木曽郡開田村西野では、昔、ムラに大きな山崩れが起き、村が埋まったことがあった。が、その寸前に大きなカジカ蛙がやかましく鳴き出し、村人に異変の起こることを報せた。人びとはその声に驚き、家から皆外へ出ていたので、逃げることができ、命びろいをした。崩れの跡には大きなカジカ蛙が死んでいたので、命を助けてくれたカジカだと地蔵を建てて祀り、毎年災害の起きた記念日は、ムラ中で供養をしているという。

カエルは、(政治の)「流れを変える」、「無事帰る」(交通安全)、「良い物を安く買える」(商品販売)、「身替りとなる」(災害災難の時)などの語呂合わせで民衆に人気があり、松本市縄手商店街をはじめ各地でカエルを祀って「カエル祭り」を毎年開催し、カエルの置物などのグッズを売ったりして、低迷している商店街に活気を取り戻そうと、カエルにあやかった商魂たくましい商戦を展開している。

ハンザキ大明神の祠
（岡山県真庭郡湯原町）

サンショウウオ

オオサンショウウオを祀った「ハンザキ大明神」が岡山県真庭郡湯原町の温泉街の一角にある。この社の縁起によると、文禄の昔、湯原の淵に三丈余りのハンザキが棲んでいたが、彦四郎という若者がこれを退治したところ、一家は一夜のうちに絶えたという。それで村人は祟りを恐れて社を建て祀ったとのことである。

蛇

日本神話に現われる神の多くは、蛇とかかわりを持つ。大国主神の援護者とされる奈良三輪山の大物主の神は蛇だとされているし、三輪山の神と交わるセヤタタラヒメは蛇巫で、その娘のイスケヨリヒメも神蛇の子とされている。

神武天皇の生母は竜蛇神の娘の玉依姫であり、天皇の妃も蛇巫の女であるとされていて、古代日本は蛇信仰にすっぽりと包まれた感があり、このような姿は縄文以来続いていたようだ。

蛇信仰は漁撈関係者にも息づいているようで、川島秀一著『漁撈伝承』によると、三陸沿岸の漁師たちは、ヘビは神の使いで竜神と深い関係があり、不漁や豊漁にかかわりがあると信じ、家に祀っている人があるし、竜神碑として祀るところもあるという。

また松山義雄著『山国の動物たち』によると、伊那谷の四徳《しとく》にある七十五社では槌蛇《つちへび》がここの神様の守り蛇である。槌蛇は槌に似た形をしていて、胴が太くビール瓶のようで尾が急に細く短くなっていて、槌のように転んで走るとのこと。ヘビを神様のお使いと思っている地方は多い。

蛇を霊神として祀っている話をしよう。それは長野県上伊那郡中川村大草の屋敷の一角に建つ、石に刻んだ蛇の交合図と、「合竜姫霊神」と五文字を彫った石碑にまつわる話である。

この霊神碑建立のいきさつについてはこんな話が伝えられている。この屋敷には昔大きな酒造りのお大尽の家があって、その酒倉と米倉には大きな青大将が棲んでいて、床でも天井でもわがもの顔に這いずり回っていた。が、家の者は昔から守り神の使いだからと言ってかまわないでいた。

ところが後継ぎに嫁をもらうことになり、都会から嫁いできた若妻はその蛇を見ると気絶せんばかりに驚き、夫になんとかしてほしいと哀願した。夫は愛妻の言うことなので、ついにその青大将を殺してしまった。

それから二か月たったころ、旅歩きの武助という男がある事情で居候することになり、朝からこの家の酒を飲んでトグロを巻き、物凄い啖呵《たんか》を切ってどなりちらし、手におえないありさまだった。若妻はたまりかねて夫に訴え、夫はついに武助を斬り、死体は店の者にこ、も、巻きにして天竜川の岸まで運ばせ、崖から淵へ向かって突き落とした。

ところが、このことがあってから横前というこの酒造家には、酒がうまくできないとか、生まれた子供が死ぬとか不幸が続き、さしものお大尽の家も左前になってしまった。

そこでこの家の主人が占い師に見てもらうと、これは家の主だった蛇を殺したためで、旅人の武助も青大将の化身だ、早くこの蛇の霊を祀って供養してやらないとますます不幸が続くとのご託宣であった。で、急いでこの石碑を建て蛇の霊を祀ったとのことである。伊那谷には、このほかにもいくつかの、ヘビを祀った石碑が建っている。

サケ

さけ（シロザケ）を神とし、または神の使いとして祀る所は全国に多い。サケは一匹の重さが四キロもあり、淡水魚の王様で、生まれた翌年には海に下り、三〜四年海で成長して再び母川に帰ってくるという、神秘性のある習性を持った魚だ。また産卵のために海から自分の生まれた川に帰ってくる時は、水の色が変わるほど背びれを水面から出して、押すな押すなとひしめき合って溯上してくる姿はまさに壮観である。アイヌの人たちはこのサケを捕って主食の一部にしてきたほどである。

これは本州でも、縄文時代の人たちの、狩猟採集を中心とした生活の中で、関東以北では同じだったようだ。縄文中期から晩期の遺跡が東北や中部地方に多いのは、サケの恩恵によるものだとする説が有力だ。

それを証明するものに、サケの姿や、サケを捕っている情景を線画にした〝鮭石〟が、秋田県南部の矢島町や、青森県の碇ヶ関近くの大面遺跡から発見されているし、千葉県からはサケの埴輪が発見されている。

人びとは、毎年秋になると必ず溯上してくる大量のサケの姿に、神威や神の力を感じ、その力にあやかりたいと石に彫って祀り、祈ったものと思われる。

今もサケを神として祀る神社があるが、サケをたくさん産する北国よりも、サケがあまり捕れない地方になぜか多い。ちょっと考えられない現象である。

サケは北海の魚である。川を下った稚魚は河口から次第に外洋に出て、アリューシャン海域からベーリング海にかけて回游し、二〜三年かけて成魚になると、産卵のために日本列島に帰ってくる。太平洋側の海を南下したサケは、昔から「サケは銚子限り」（酒は銚子限り）と言われるように、南限は千葉県の利根川辺で、それより南の川には溯上しない。

一方、日本海を南下するサケは、南は山口県の田万《たま》川、阿武川、三隅川、粟野川などで遡上が見られ、九州の福岡県の遠賀《おんが》川でも昭和の初めまで遡上が見られた。

ところが奇しくも、サケを神として祀ったり、神の使いとして祀る神社のあるのは、日本海側、太平洋側共にサケの南限の福岡県の遠賀川の支流と、千葉県の利根川の付近にある神社である。

遠賀川の支流嘉穂川の嘉穂郡嘉穂町大隈には、土地の人びとが「シャケ様」と呼んでいる、鮭大明神を祀る「鮭神社」がある。ここでは十二月十三日の祭日のころになるとサケがのぼってくるが、このサケは、豊玉姫命の使いであると人びとは信じていて、これを途中で捕って食べると盲目になったり、家が絶えるといわれ、昔から絶対に捕ったり食べたりしない。

利根川の下流に近い佐原市の香取神宮にもサケを神の使いとする伝説がある。ここでは旧暦の八月～九月になるとサケが遡上してくるが、そのサケは、神宮に向かって野も森の中も飛び越えて近づき、みずから神棚にのぼって供え物になると伝えられている。

サケの線彫石の一つ（秋田県由利郡矢島町教育委員会提供）

また香取郡山田町にある山倉神社は、利根川に近い九十九里浜に流出する栗山川の上流の町だが、ここにも十二月になるとサケが遡上してくる。土地の人は、「竜宮神献のサケ」と言って、これを捕り神前に供え、祭りの日には生のまま、または黒焼きにして参詣人に神符のように振る舞っている。昔からこのサケを食べると熱病やかぜに霊験があると言われている。なおこのサケの御符分けは、神社近くの別当寺や観福寺でも行なっているとのこと。

アイヌの人たちがサケを主食の一部にしてきたことは述べたが、サケが溯上してくる晩秋から冬にかけては、植物が枯れてなくなる時であり、寒冷な季節であるから、シロザケは彼らの冬の主食として最も大切なもので、サケの不漁の年には餓死者が出たほどだ。たとえば享保八（一七二三）年、石狩川のサケの凶漁で、この地方のアイヌ人が二〇〇人も餓死した史実がある。

そんなところから彼らはサケを神の魚（カムイ・チェプ）と呼んで、常設の祠や神社は持たなかったが、サケが溯上してくる時期になると木幣（イナウ）をミズキやヤナギの生木を削って数多く作り、これを立てて飾り、川辺でサケ祭りをどこの集落でも行なってきた。

アイヌの人たちは、この世で生きとし生ける物はすべて神様の支配下にあり、神が宿っていると思って暮らしているから、魚についてもサケばかりでなく、太平洋岸の人はシシャモを神魚と呼び、日本海岸の人はニシンを神魚といい、阿寒湖ではヒメマスを神魚と言って、それぞれの地方ではその土地で最も大事な魚を神魚と呼んでいたようだ（更科源蔵『コタン生物記』四三四頁など参照）。

サメ

伊勢志摩地方にはサメにまつわる話がたくさんある。伊勢神宮ではサメの肉を、神宮の神官みずから調理して決められた大きさに切って重ね、素焼きの皿に乗せて供える行事が古くから伝統的に行なわれている。

この地方には豊玉姫が竜宮からサメに乗って志摩にこられたという伝説があり、伊雑宮《いぞうのみや》では七本ザメ、古くは三十六本ザメが、伊勢参りにくるといわれ、サメは神の使いであるとされている。

愛媛県今治《いまばり》市波止浜にある龍神社では、サメを神のお使いとしていて、このサメは毎月一日と十五日にはかかさずお宮参りにくるといわれ、そのためこの日はサメを捕獲する網漁をしても不漁だし、すれば必ずサメに網を食い破られるから、漁をしてはならない日とされている。また、サメに襲われるからと水泳も禁止しているという。

青森県下北郡脇野沢村の漁師は、サメは船魂様のお使いだといって大事にし、捕って食べることを昔はしなかったという。

ウナギ

矢野憲一『魚の民俗』によると、ウナギは虚空蔵菩薩のお使いだとしている神社がある。岐阜県郡上郡美並村の星宮神社がそれで、今から千年ほど前に、藤原少将高光がここの村人が鬼の悪業に困っている話を聞いてその鬼を退治してくれた。が、その時、高光が山で道に迷って困っていると大ウナギが現われて、谷川沿いに案内してくれて助かったことがあり、これはきっと日頃信心している菩薩の示現であろうと考え、村人たちにウナギを捕ったり食ったりすることをしてはならないと教えた。で、以来この村の人は絶対にウナギに手を出すことを禁じ、今日に至っているとのこと。

このほかウナギを神の使いとしている神社に、群馬県の松尾神社や静岡県の三嶋大社があるし、タイを使いとしている神社に兵庫県の西宮神社、アジメを使いとしている神社に岐阜県水無神社があるという。

三　信仰・まじない・つき・俗信

㈠　山の神信仰とオコゼ

農山村では一般に、山の神は田の神と同じものとして知られており、桜の花が咲き苗代の季節になると、それまで山に帰って山の神となっておられた神様は、こんどは田の神となって里に下りてこられ、秋の収穫が終わるまで田の神様としておられる。そして収穫が終わると再び山に帰って山の神となられる、と信じられている。

また山の神は山を支配していて、春と秋の〝祭日〟（地方や職業によって月日が異なる）には山の木の本数を数える日だから山へ入ってはいけない、などと言われ、祭神には大山祇《おおやまつみの》神を祀っていて、どこの集落でも大なり小なり祠や社殿を持ち、年に一回はお祭りをしている所が多い。

しかし猟師が拝む山の神様は、北は東北地方から南は沖縄まで、すこし性格が違うようで、女の神様で、醜女《しこめ》で嫉妬《しっと》深く、オコゼ（他に地方によりいろいろな呼び名あり）という、まことに見た目の悪い魚の干物だとか、男根を好むなどといわれている。

また山の神様は、歌や謡曲を好まれるから、山中では歌をうたったり謡曲を口ずさんではならないとか、拝めばすぐ降臨されてこられるから、みだりに手をたたいたり高笑いをしてはいけないなどとも言われている。

海の漁師たちも猟師以上に山の神を信仰している。理由は、海へ出た時に、自分の今いる位置や漁場の位置を割り出したり、帰港する時の目標としてきたのが郷里の高い山で、その山の姿の移り変わりを見て自分の今いる位置を判断してきた。昔からずっとそのようにしてきたので、自然と山の神を信仰し、航路の安全や大漁を願ってきたのである。

以上のような理由から、山の猟師も海の漁師も山の神を信仰してきて、おもしろいことに両者共に豊猟や豊漁を山の神に祈願する時や豊猟・豊漁があった時、そのことを山の神にお礼申し上げる媒体として用いるものは、紙に包んだ醜い姿の動物の干物を見せるという共通した点のあることである。そして、このような行為は北は東北地方から、南は沖縄までと広い範囲に見られる行為で、媒体として用いる動物や名称にも似たところがあるのも興味深い。

秋田、岩手、山形などのマタギと呼ばれる猟の専門集団の間では、猟に出かける時や猟の途中の猟小屋などで懐にしている紙に包んだ干物を山の神にちらつかせ、見せるふりをしてすぐ懐に納めるなどする物体は、オコゼと呼ぶ頭や顔が大きくて醜い海の魚である。

『遠野物語拾遺』の二一九話には、オコゼと山オコゼのことが書いてあり、猟師が珍重するオコゼは南の海でとれる小魚、漁師が珍重する山オコゼは山野の湿地にいる、三センチほどのキセル貝だと説明している。

岩手県釜石市の漁師の間で珍重するオコゼ（オコズ）は、ツブと呼ぶ巻貝の一種、モズの早にえの蛙、ヘビの抜けがらなどだという。

同じ岩手県でも大槌や山田の漁師の間で珍重するものはオクチコといい、サンショウウオ、イモリ、トカゲ、カナヘビなどだというし、南隣の大船渡市の猟師や漁師が呼ぶオクチコは、タツノオトシゴであったり、干したサンショウウオやモズの早にえの蛙であるという。

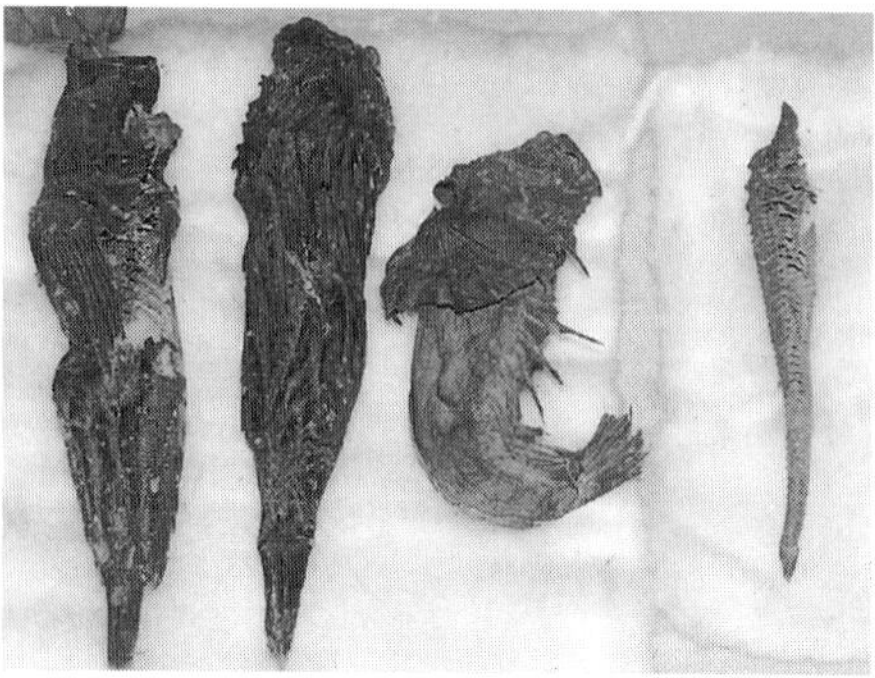
山の神信仰の対象物のオコゼの干物
（岩手県和賀郡沢内村碧祥寺博物館蔵）

宮城県仙台市の漁師の間で珍重しているオコゼはタツノオトシゴであるというし、三陸海岸の漁師の間でオクズと呼んで珍重され、大漁を山の神様に祈願する時、頭だけをちらっと見せてお願いをするものもタツノオトシゴだという。

柳田国男の「山神とヲコゼ」（昭和十一年）には、「紀州熊野の八木山峠の麓の部落の産土神は山の神で、この祭りの時は氏子は境内にむしろを敷いてそこに集まり酒宴を開く。この時当番はあらかじめ用意してあるヲコゼの干物を懐に入れていて、一同が、『貴殿の懐中のヲコゼを見せて下され』と言うと、『いやいや見せ申すまい、皆の衆はお笑いなさるから』と言う。すると一同は、『笑いますまい、一目でよいから見せて下され』と言う。そこで当番は懐に手を入れ、ヲコゼの頭だけちらっと見せる真似をする。すると一同はハハハハと笑う。こんなことを三度繰り返し、しまいには当番も見物人も皆で大いに笑う」という祭事のことが載っている。このような奇祭は尾鷲《おわせ》市矢ノ浜にもあるという。

また、尾鷲市八鬼山にある阿古師《あこし》神社にもこれと似たオコゼ遊びで有名なお祭りがかつてはあったが、今は行なわれていない。

尾鷲市三木里では、ここの山の神は昔海の神と宝物競べをした時宝物が少なくて敗けた。それでオコゼを進ぜると海の宝が減り山の神の宝物が増えるから喜ぶと伝えられている。熊野市神川にもこれと似たような伝承がある。昔は山の神迎えにオコゼを持って行く習慣が、熊野川から奈良県吉野郡一帯にかけてあったという。

越後国（新潟県）や出羽国（秋田、山形県）などでは杣も狩人も山に入る時はオコゼを懐中にして行く風があり、大木を伐るに難儀をしたり、獲物が終日得られぬ時に、山の神に祈願してこのオコゼの頭をちょっと見せ、無事に伐れたり、大猟になれば全部お見せしますからと祈るそうだ。

九州でも似たような風習がある。柳田国男の『後狩詞記』には海オコゼと山オコゼの話が載っている。宮崎県西臼杵郡椎葉村の猟師は、海オコゼを懐にしているが、それはシャチに似た細魚だと説明し、彼らは猪一頭捕るたびにそのオコゼを、白紙一枚を追加して包み、「また猪が捕れますように」と拝むという。

また海辺の漁師は山オコゼというものを珍重して隠し持っており、豊漁を願って祈願するという。

(二) 神獣のオコジョとライチョウ

オコジョ

夏なお雪の残る三〇〇〇メートル級の高岳は、気象条件が厳しく、里とまったく異なった草木が生え、動物が生息していて、ここは神の座で神聖な場所、みだりに人が近づいてはいけない場所、とされてきた。

オコジョはこのような高山に住むイタチ科の小獣で、イタチを小型化したような愛らしい姿と行動を見せる動物である。しかし数が少なくあまり姿を見せることがなく、岩間の隙間が好きで、岩の間からちょっと顔を見せても、すぐ穴に入って隠れてしまうので、怪獣とか幻の獣とされ、山の神様の使いなども言われてきた。

オコジョを見かける機会の多いのは猟師や杣仕事の人たちで、彼らはオコジョをコイタチ、山イタチ、山の神のチンコロとか、山の神のえのころ（犬ころ）などと呼んで、猟師仲間では捕らえると祟りがあるからと言って、けっして捕るようなことはしなかった。

また杣たちも山に入る途中でオコジョに逢うと、谷川の水で水垢離《ごり》を取って身を清め、山の無事を祈る地域もあった。

なにせ高山の獣で数が少なく、イタチ科特有の行動をする動物なので、妖怪的なおそれを抱くと同時に、愛敬のある動作や仕草に可愛さも感じ、昔からいろいろこの動物の習性などについて怪奇な話が伝わっている。

たとえば静岡県の山奥の村では、この獣のために喰い殺されて一村が全滅したとか、この怪獣はよく立って歩き、よく人の言葉を話すとか、人の意中をすばやく察し、人が話そうと思っていることを先に話す、などという話も伝わっている。

富山県の立山山麓の猟師の間では、この動物をコイタチまたはオコジョと呼んで山の神様の使いとして神聖視している点は他地方と同じだが、ここでは山の神が見ると喜ぶという、醜い姿のオコゼと呼ぶ動物とこのオコジョを混同して呼んだり、混同視している面もあるようだ。

富山市辺では醜い姿の毛虫をオコジョと呼んでいるのも興味深い。

ついでに山の神の使いとされたオコジョの記録の上での初見は、全国の一の宮を参詣して歩いた橘三喜の記録である。彼は元禄九（一六九六）年七月に越中立山に登頂し、雄山神社に参詣したが、その時の記録に「絶頂にはコイタチ多くライノトリなど見侍る」と簡潔に書いている。両者共に神の使者とされ、一目おかれていたから記録に載ったものと思われる。

立山雄山神社の神符
（中央にライチョウのデザイン）

聖なる鳥とされてきたライチョウ

ライチョウ

前項でも書いたが、夏なお雪が残る三〇〇〇メートル級の山の頂は神々が鎮座する所で霊峰と呼ばれ、ここに住むライ（雷）チョウは霊鳥とされてきた。

加賀の白山でも信州の諏訪でも、「この鳥は雷が鳴ると現われ、止まる所には雷が落ちない」という言い伝えがあり、ライチョウの絵も雷除けの効があると言われた。実際、宝永五（一七〇八）年京都御所が火災にあったが、ライチョウの絵のあった建物だけが焼失を免れるというできごとがあって一躍有名になった。

立山でもライチョウは宗教上大切にされ、その図を木版刷りにして雷除けとして、芦峅《あしくら》の坊の人たちは諸国の講員の家を回って宣伝に利用した。

またライチョウは立山雄山神社の眷属であるとして大切にした。岩峅《いわくら》延命院の『立山縁起』（嘉永六＝一八五三年）ではそのことを強調している。

また立山仲語（登山案内者）たちは、ライチョウのことを「閑古鳥《かんこどり》（立山ではライチョウのことを閑古鳥という）は立山権現様のお使いをする鳥だ」と言っている。

白山の白山《しらやま》比咩《ひめ》神社ではキジを神の使いとして絶対に食べないとされ

ているが、「これは雷鳥の誤りで、雷鳥こそ白山の霊鳥で神のお使いだ」と、白山総長吏の澄意法師は『白山諸事雑記』の中で述べている。

信州は養蚕の盛んなお国柄だったが、蚕をライ鳥の羽で掃き立てると必ず当たる（成功する）と信じている人が多く、立山詣をする人があると土産にライ鳥の羽を拾ってくるよう頼み、ライ鳥の羽を手に入れた人は霊鳥の羽だとして大切に扱った。

(三) お守りや魔除けに

オオカミ・クマの顎骨や牙

昭和の中ごろまでは、きざみ煙草をきせるに詰めて吸う人が多かった。これらの人はいつでも煙草が吸えるよう、煙草道具一式を帯にはさんで腰に下げていた。以前は「印籠」や「巾着」もこのように帯にはさんで腰に下げている人が多く、これが帯からぬけ落ちないように紐の端に根こぶ状の物を付けたが、これを「根付け」と言った。

根付けの材料としては鹿やカモシカの角とか象牙などいろいろあったが、人の体に魔物が憑《つ》かぬようにという「まじない」を兼ねて、強い動物として知られるオオカミやクマの顎骨や牙を根付けとしている人がいて自慢していた。このほかオオカミの頭骨や牙を「魔除け」として神棚や屋根裏に祀っている家もあり、今でも大事に保存している家がある。昔はやくざの社会でもオオカミの牙は珍重された。賭博のさいころは普通鹿の角でできているので、オオカミの牙を懐にして賭博の場にのぞむと、さいころの目の出は自分の思いのままになると言われていた。

安産のお守りにクマの腸など

冬眠中のクマは、猟師が穴クマ捕りに穴に近寄ると、急に産気づいて仔熊を出産すると言われ、お産が軽いことで知られている。そこで妊婦はこのことにあやかり、お産の軽いことを願ってクマのこうがいや手、または腸を安産のお守りとしている所が多い。

長野県の伊那谷の人たちの間では、安産のお守りとしてクマの「こうがい」が昔から珍重されている。「こうがい」は笄で、昔婦人の間にまげが流行していたころ、まげに挿して飾りとした三味線のばちに似た形をしたものである。これに似たものがクマを解体して内臓を取り出す時に、腸に付着している管で、先端は幅が広く平らで、元の方へくるに従い細くなり、末端は丸くなって終わっているもので、伊那谷の猟師は「クマの腹帯」と呼んでいる。

この「こうがい」は長さ三〇センチ前後あり、捕獲した熊から取り出した時は濃緑色をしている。しかし火棚に吊るして乾燥させると黒くなる。安産のお守りにはこの乾いたものを三～五センチに切って分けてやる。妊婦はこれを岩田帯の中に入れておくだけで、安産、魔除けになるほか、熊のように強くて丈夫な子どもが産まれると信じられている。

また熊の毛の付いた手の先だけでも産所に吊り下げておくと、前記のような効果があると一般に信じられている。

同じ長野県でも白馬山麓では、安産のお守りとして妊婦が腹に巻くのはツキノワグマの膵臓である。マタギで知られる秋田県阿仁町や近在では、安産のお守りとして、クマの子宮袋と付属の小腸をケマシ(熊の帯)と呼んで、乾燥させて妊婦の岩田帯に入れて腹に巻きつける。また難産の時はこれを煎じて飲む。

岩手県下でもクマの腸は安産の守り神と民間で信じられている（高橋喜平）。富山県下でも同様で、腸を「腹帯」または「ヒャクヒロ」と言って安産のお守りに乾燥させて妊婦が腹に巻いたり、煎じて飲む地方が多い。

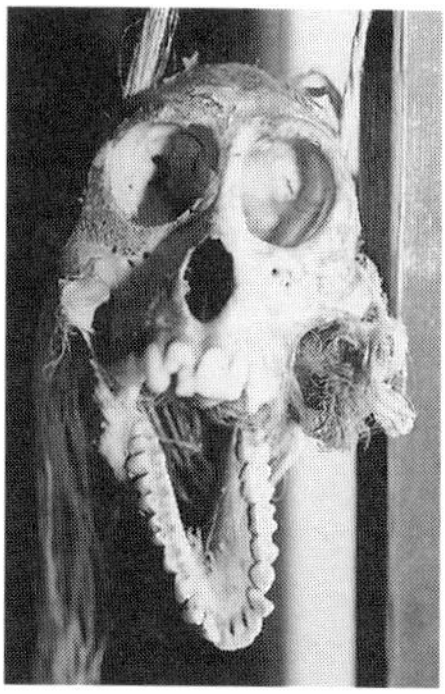
柱に吊って祀られたサルの頭骨（秋田県仙北郡角館町）

厩の魔除けに猿の頭骨

猿を厩の守り神とする民間信仰のことはすでに述べたが、猿の頭骨を厩の天井裏や柱などに祀って厩の魔除け、災難除けにしている所も全国にある。手元にある資料から数例を挙げてみる。

長野県の伊那谷辺でも昔は厩の天井裏にサルの頭骨をいくつも収めている家があった。サルの頭骨の持つ呪力を信じて祀ったもので、こうしておくと馬をいろいろな災難や病気から守ってもらえると信じられていた。

岡山県真庭郡湯原町の農家では、厩の中央の柱には藁苞《つと》がぶら下がっていたり、小さな祠が作ってあって、この藁苞や祠にはニホンザルの頭骨が入っていて、これを「マヤザル」と言っていた。この頭骨は明治の初めに行商人が売り歩いたものだとのこと。

秋田県の仙北地方やその周辺にも同じような信仰があり、サルの頭骨を厩の柱に吊るなどして厩の魔除けとしていた。

このような信仰は調べればもっとたくさんの事例が得られることと思われる。

魔除けに赤蜂の巣

家の入口や玄関先だとか、座敷の床の間に大きな蜂の巣を飾ってある家を新潟県、長野県その他で時々見かける。この大きな巣は主として家の軒下に作られたもので、この巣を作る蜂はキイロスズメバチで、この蜂を岡山県真庭郡ではアカバチ、長野県伊那谷や木曽地方でも「アカ蜂」、北安曇郡下や諏訪地方では「熊ん蜂」と呼んでいる。

この蜂の巣は晩秋から冬の間に、蜂が巣にいなくなってから採り、透明なニスなどを吹き付けてしっかり固めたり、ガラスケースに入れたりして飾ってある。昔からその地方の言い伝えとして、蜂の巣を飾っておくと、人の出入りが多く、家が栄え、魔除けや火難除けになると言われている。

カニの鋏や甲羅で厄除け、虫除け

節分に、イワシの頭の焼いたのと、ヒイラギかカヤの葉の付いた小枝を一緒にして、戸口や窓辺に挿し、のぞき見にきた鬼をこの臭い匂いで迷わし、葉の刺で目を突き、追い払うという年中行事は全国に広く行なわれている。

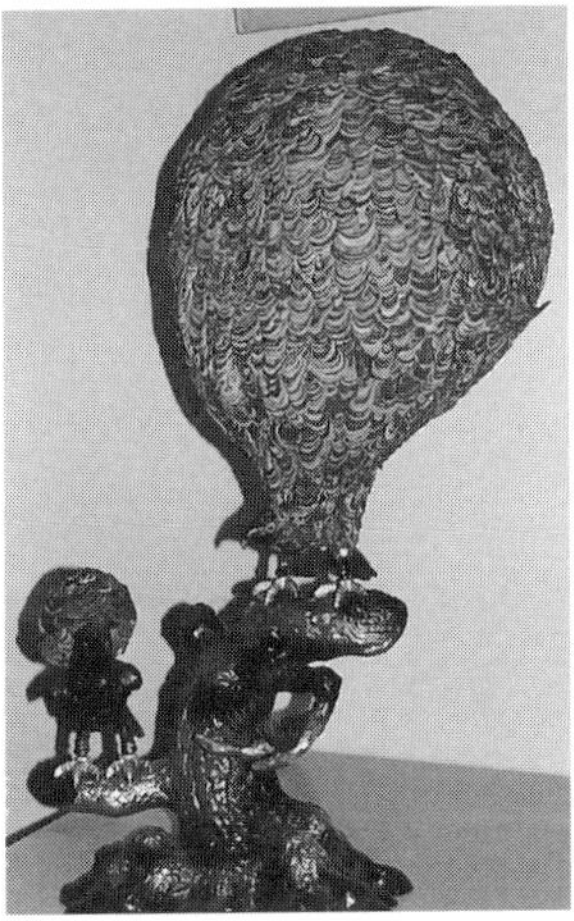
魔除けの飾り物としているキイロスズメバチの巣

これに似た発想で、カニの鋏で厄病神が入ってきたら目を突くようにとか、稲や野菜の虫を鋏で切ってしまうようにという行事を、節分の日や正月の六日に行なっている地方がある。カニの絵を紙に描いたり、カニの姿を厚紙に描いて切りとり、それを棒に挿して、戸口や入口に貼ったり飾ったりして、厄除けをしたり、火に当てて「稲の虫も菜の虫も葉の虫も焼けろ」などと唱えるもので、長野県北佐久郡や下伊那郡、諏訪地方などで今も行なっている。この行事を「カニの年取り」と呼んで一月六日に行なっている地方もある。（一五一頁の図参照）。

またカニの甲羅にはとげがあり、異様な形をしているところからか、これを魔除けにしているところがある。紀州方面ではズワイガニを、北日本ではタラバガニを用いているという。

刺のある魚も魔除けに

矢野憲一著『魚の民俗』によると、ハリセンボン、カサゴ、アンコウなど、体にとげがたくさんあったり、外見の醜い魚を魔除けとしている地方があるという。

ハリセンボンは外敵に襲われると、全身のとげを立てていが栗のように丸くなるので、山陰など各地の漁村で魔除けとして戸口に掛けているという。

カサゴは背びれ、胸びれのとげが発達した魚で、このとげには毒腺があり、刺されると激痛を起こす。それで佐渡ヶ島などでは乾して吊るし、魔除けとしているところがある。

アンコウは実にグロテスクな姿をした魚で、大きな頭をし、歯も鋭くサメの顎骨のようだ。そこでこの頭部を干して玄関の戸口にかかげて魔除けとしている所があるという。

㈣　その他の俗信・迷信

一般に科学的知識が普及した昨今では、他愛もない迷信だと一笑に付されるようなことでも、明治のころまでは真剣に考えたり、ほんとうに信じる人が多かった。

オオカミのお産見舞い

日本人は古くから、人間の力ではどうにもならないような偉大な力を持ったものに「様」をつけ、神としてあがめる習慣があった。今では「雷様」ぐらいにしか「様」をつけて呼ばないが、古文書を見ると江戸時代には、風様、雨様、雪様というように、「様」をつけて呼んでいた記録が残っている。オオカミも人間の力の及ばない魔力を持った生きもので、しばしば人畜に害を加えるので「お犬様」または「山の神様」と呼んで敬っていた。

そこで昔は、オオカミがお産をすると、長野県北安曇郡の北部地域では、産養い（ウブヤシネ）だといって、ぼた餅をついて持って行って上げた地区や、赤飯を上げた地区などがあった。このようなオオカミの産養いについては、『北安曇郡郷土誌稿』に次のようにいくつかの事例が載っている。

① 美麻村千見では、自分の持地へ狼が巣をつくれば産やしねをするもんだと言っている。

② 中土村奉納《ぶのう》には二キロほど隔たった獅子ヶ平に犬の屋《へや》という洞がある。……狼が子を産めば産《うぶ》やしねといって団子《だんご》や餅を重箱に入れてその穴の入口に置いてきた。

③ 八坂村では明治十年ころまでは山犬が各所に出没した。三原の盗人厩《ぬすっとまや》という土窟は八畳敷ほどの広さであって、山犬はその中で子を育てたという。付近の切久保では馬を多く飼い……親子の馬が知らずに遊んでいると山犬の子がそれを追い散らすようなこともあった。そんなことがあると村人は庄屋と相談して山犬の七夜祝いをしてくれた。その時は田作りなどのおさかなをつけて、小豆飯を炊いて俵ばあせ（さん俵）に乗せ巣の口へ持っていって与える。

長野県上伊那地方でもオオカミの産養いの習慣があった。この地方のオオカミについては、松山義雄の『山国の動物たち』に詳しく載っている。この地方ではオオカミのお産見舞いのことを「オオカミのぼこ見」とか「お七夜祝い」と言い、昔はムラの庄屋のお達しで赤飯を炊いて、オオカミの巣へ上げに行ったそうだ。

このようなオオカミのお産見舞いは、昔は広く日本各地で行なわれたようだ。山梨県北巨摩郡の村々でも昔は、オオカミがお産をすると赤飯を大枡一杯炊いて持って行く習わしがあり、ここでも犬のボコミと言っていた（『綜合日本民俗語彙』）。柳田国男の『遠野物語』によると、岩手県上閉伊郡では小正月の行事の一つとして、昔は藁苞《わらづと》に餅《もち》の切れを包んで、山のふもとの木の枝に引っ掛けてオオカミにやったとのことだが、これも産屋見舞いの名残りだろう。山田隆夫の『狼豺聞書』によると、オオカミの産屋見舞いと称して赤飯や小豆粥《あずきがゆ》を供える風習は、大和、河内、和泉、摂津地方にもあるとのこと。

このようなオオカミに米のご飯や餅を供えるという風習だが、現在の科学からするとまったくナンセンスなことに気がつく。オオカミは肉食動物で、犬のように雑食性ではないから、これらの供え物を食べるはずがない。きっとほかの動物が食べたのだろう。それでも昔の人は信仰心厚く、オオカミが食べるものと信じ、無意識のまま神に供え物をするように、この行為をずっと続けてきたのである。信仰とはそんなもので、笑うことのできない事実である。

地震はナマズが起こす

地震といえば、茨城県鹿島町にある地震の神様鹿島神宮と、地下にいる大ナマズが起こすのだと信じている人が、巷にはまだ多くいるのではないかと思う。

鹿島神宮には「要石《かなめ》」という、地表にはちょっとしか頭を出していない大石があり、この石が地下のナマズを押さえている、地震押さえの石だと昔から言われている。が、これはまったくの迷信で、このような迷信が巷間に広く信じられるようになったのは、この神社の神職が、江戸時代に鹿島大明神の神徳を地震と結びつけて巷に触れ歩き吹聴したことや、『地震鯰之図』(寛永元年)や『塵摘問答』(寛永五年)という本の影響などによるものだという。

晩鳥に張りつかれたら息ができなくなり死ぬ

晩鳥とはムササビの俗名で、哺乳類だが主として夜間、鳥のように飛ぶことができるのでこの名がある。木から木へ飛ぶ時、四肢を広げると腹脇の皮が伸びて風呂敷状になる。けたたましい鳴き声に特徴があり、この声と、風呂敷状に広がる毛皮で、夜間暗がりに突然飛んできて人の顔を包むようにはりつき、息の根を止めてしまうと俗信され恐れられていた動物である。また信州では地方名を「ももっか」または略して「もっか」とも呼んでいて、夜泣きをしてなかなか止まない子などに「だまらないともっかが来るゾ」とか、「ももっかが来て連れて行くゾ」などと言って怖がらせたものだ。

モモッカとも呼ばれて恐れられたムササビ

この動物は冬は樹木の冬芽を食べているが、長野県の伊那谷地方では、秋にはコクカ、アケビ、ヤマコガキなどを食べ、特にアケビには目がなく、一番の好物で、皮を食い破ってから中身を食べるといわれている。

それでこの地方では、昔から秋に夜道を行く者は必ず袂にアケビを入れて歩くことを忘れない。それは、いつバンドリに襲われ、顔にぴたりとはりつかれても、アケビを見せるとバンドリはアケビを食いにそちらへ移るので、難をのがれることができると信じられているからだ。

狐の肉を食べた人は狐に化かされない

秋田県下で言われていた諺だが、まったく科学的根拠のない俗信である。狐に化かされるのはキツネがいたずらするよりも、化かされる人間の方に、気が弱いとか酒に酔っているとか、なんらかの落度があるように思われる。

クマの肉を食べるとお産が軽くなる

秋田県下で、妊婦に対していわれた言葉。ツキノワグマは冬眠中に、人が穴に近づくと出産するくせがあるので、これにあやかったお裾分け的気分のもので、特に医学的根拠のない迷信である。

烏鳴きが悪いから

「烏鳴きが悪い。長く患っている○○爺さんが死なぬとよいが」、「烏鳴きが悪い。誰か死ぬかいな」、「今日山で烏鳴きが悪かった。何か変わったことがないか心配だ、火に気をつけてくれ」。以上は秋田県下で聞かれる言葉である（田淵実夫『ちちしろ水』）が、筆者が住む長野県の北アルプス山麓でも同じことが言われているから、この言葉はそうとう広い範囲で言われているものと思う。

なお北アルプス山麓ではこのほか、闇夜の晩に鳥が鳴くのを、「闇に夜烏不思議を唄う」と言って、何か変わったことがある前兆だ、気をつけろといわれている。が、どちらも迷信の域を脱していないように思う。

オオバコの葉を死んだ蛙にかけると生きかえる

この言葉も全国的に言われている言葉で、子どものころやったことを思い出す人は多かろう。

マムシ除けと呪文

マムシは本州では唯一の毒蛇であることを皆知っていて、嚙みつかれるのを恐れている。岡山県真庭郡の辺では、山へ出かける時はマムシに嚙みつかれないよう、災難除けの呪文を唱えて行くと安全だと昔から言われている。その呪文は次のようだ（篠原徹『自然と民俗』一一五頁）。

ワガユクサキニ、カノコマダラノムシオラバ、ユウテトラショウ、ウラシマタロウ、アビラウンケンソワカ

筆者の住む北アルプス山麓でも山へ行く時には、昔はマムシや蛇除けの呪文を唱えたものだ。その文句は「長虫や吾が行く先にさはたらば、おとなの姫に知らすものなりアビラオンケンソワカ」で、三度唱えるものだといわれていた。

ヒバカリ（首のところに黄色の斜めの斑文があるのが特徴）

ヒバカリに嚙まれたら命はその日限り

ヒバカリという名前の蛇がいる。ジムグリに似た中型のヘビで、カエルや小魚が好きなので水辺で見かけることが多いヘビで、無毒だ。

ところがどうしたことか、全国各地で、この蛇は恐ろしい毒蛇で、この蛇に嚙

まれたら命は「その日ばかり（限り）」と名前の由来にまでなっているほか、「命は日のある明るい内だけで夜になると死ぬ」ということで地方名も「日あかり」と言っている地方が、長野県下をはじめ全国に多い。どうしてそのような名前がついたのか分からないが、迷信が一人歩きしている典型的な例である。

赤蜂（キイロスズメバチ）が軒に巣を掛けるとその家は栄える

長野県の伊那谷から、静岡県の磐田郡にかけての地方では、赤蜂が人家の軒や屋根裏に巣をかけると、その家は栄えるという言い伝えが昔からあり、スズメバチの巣を採ってきて玄関にわざわざ飾る人もある。

なくした物が現われるという「失せ物絵馬」

これは東北太平洋岸の三陸沿岸地方の漁師の間に伝承されている習俗で、海中へ金物などを落とした時は、その落とした物を絵に画いて神社に奉納する（絵馬奉納）と、必ず見つかると信じられている。

サメ除けに赤いふんどしと長い紐

サメ博士の矢野憲一氏によると、伊豆や伊勢志摩などでは、サメに人が襲われた歴史があり、この地方の海人《あま》など、海で仕事をする人の間にはサメを恐れ、サメ除けの呪いが伝承されている。

サメは自分より大きなものは襲わないといわれ、海で泳ぐ時などには長い紐を身につけて泳げとか、赤は魔除けの色だから赤いふんどしや赤い腰巻きを着けていると安全だと言い伝えられている。

また伊勢志摩の海人の間では、魔除けにドーマン、セーマンという☆型や𠀋の印を、作業衣や手拭に紺糸で縫い付けるという。星印は始めも終わりもないので魔物が入り込むすきのない印だとされている。また磯部さんのお守（伊勢国磯部明神）を身に付けることも忘れない。

㈤　禁　忌

生活習慣や狩猟・漁撈習俗などの民俗習慣にも数えきれないほどいろいろな、禁忌とされる事項がかつてはあった。その中から動物に関するものを拾い出してみよう。

生活習慣の中で

○夜口笛を吹くもんでない

昔から夜、口笛を吹くとオオカミが寄ってくるといわれ、だから吹いてはならないと、どこでも言われていた。

○猫いらずの薬を使ってネズミを捕る話はしてはいけない

ネズミは超能力の動物だから、猫いらずの薬を使ってネズミを捕るだんごなどを作っている時に、「今夜はこれで捕ってやるんだ」などと話すと、それを聞き耳していて感づき、食わなくなるから絶対にネズミを捕る話は家族間でしてはいけないと言われている。

○家の中に棲んでいる蛇は神様のお使いだから捕ってはいけない

昔の農家は草葺屋根が多く、屋根の葺替材料などをたくさん屋根裏に積んで保管していたし、ネズミも多く棲んでいたから、アオダイショウなどの蛇が棲んでいる家も時々あった。そんなとき家の爺さんは、「蛇は神様のお使いで家を守ってくれているのだから殺してはいけない」とよく言った。

狩猟伝承から

すこしでも多くの豊猟をと願うのは、狩りをする者の誰しもの気持ちである。そんな気持ちの結晶がタブーの民俗として成立したものと思われる。きびしい岳山でクマやカモシカ猟を生業としてきた、マタギと呼ばれる猟師たちの間で見られる禁忌について、まず秋田県阿仁町から見てみよう。

マタギは猟に山に入ると、マタギ仲間だけに通用するマタギ言葉を使った。その中で山での禁忌には次のようなものがあった。

○口笛を吹いてはいけない。獲物が逃げたり、気がゆるむから。
○女や色話はいけない。
○酒やタバコをのんではいけない。山神に供えるお神酒は別だ。
○猟小屋での汁かけ飯はいけない。
○お産や結婚式に関係した者は猟に参加できない（本人が結婚の場合は一年間、家族や親類の時は二日間、お産は五日間など）。岩手県和賀郡の猟師の間でも、お産をした家の者が猟仲間にいると、「火が混った」と言って嫌う。

次に山形県東田川郡朝日村での猟の禁忌は、

○山では大声で話をしてはならない。獲物が逃げたり、雪崩が起きるといわれた。
○葬儀に関係した人は猟に参加できない。お産や結婚式に関係した者も三日は参加しない。
○十二日は山の神の日だから猟には出ない。
○葬式、結婚式、出産祝いにもらった物は猟に持って行ってはダメ。
○味噌をぬった握り飯はダメ。

○猟の一行が六人、十二人になることをきらう。
千葉徳爾『狩猟伝承』によると、九州の猟師の間では、「ネズミの告げ口」という言葉が信じられている。それは夜集まって明日の猟の打ち合わせをする時に、どこの山へ行くとその山を名指しで呼んではいけない、それをすると鼠が天井で聞いていて、そこの山の動物に告げ口して教えてしまうからだという。

奄美大島の猟師の間での禁忌言葉は、第一に無駄口をきくこと、次いでは山羊、猫などのことを口にすることだという。

島根県美濃郡や鹿足《かのあし》郡の猟師の間で守られてきた山での禁忌は、山村民俗の会編『狩猟』によると、
○ジンタ（猿）の話をしてはいけない。獲物が去るから。
○猟に行く前に坊さんに出会ってはいけない。
○朝猫を見てはいけない。
○猟の弁当に梅干しを入れてはいけない、梅干しは「難逃れ」で獲物が逃げるから。
○猟の弁当に味噌を入れない。ミソをつける（失敗する）から。
などであるし、岡山県の真庭郡の猟師の間では、猟に行く途中で雌イタチが道を横切るのに逢うと、不猟の前兆だときらって家に引き返したものだった。

富山県も岳山猟の盛んな所だが、ここでの猟師の間での禁忌は、
○梅干しを猟には持って行かぬ。
○お握りに味噌をつけるな（細入）。
○汁かけ飯（細入）。
○山には海の魚は持って行かない（芦峅寺《あしくらじ》）。

○山に入る途中でリスに逢うと、猟に行くのを止めて家に戻る。リスは山の神の使いだから（芦峅寺）。
○口笛を吹くな（芦峅寺）。
○坊主と尼に行き合うと獲物がない。止めて家に帰る（芦峅寺）。
○朝針をきらう。針は行くだけで帰ってこないから（芦峅寺）。
○イタチが道を横切ることを「獲物の縁が切れる」といって嫌う（芦峅寺）。
○出産や葬式の関係者はある期間猟に参加できぬ（各地）。
○山でのむだ口を嫌う。クマは耳が近いので、万事手まねきでやり、足音も忍ばせる（芦峅寺）。
秘境で知られる長野県の秋山郷でも猟師たちの間では、猟での禁忌が行なわれている。
○朝歌、朝の口笛、朝飯の汁かけ飯、小屋の入口を北に付けること、産火（一週間）、死火（三日）など。

漁撈伝承から

アイヌの社会では、サケの豊凶は死活問題だったから、サケ漁についてのいろいろなタブーが伝えられている。白老《しらおい》では、
○サケが溯上し始めたらニガキやニワトコの木など流さない。
○月経の女性は川を渡ってはならぬ、川に行ってもいけない。
○女性の下衣や腰巻きは川で洗ってはいけない。
○出産があった夫は、赤ん坊のへその緒が切れるまで漁は禁止。
○サケ漁の期間中はマスを捕ってはいけない。
○サケと他の魚と一緒に煮てはいけない。

などで、サケの溯上する時は川辺で大声を出して話すことさえ禁止するほど、人びとはサケを大切にした。

新潟県もサケのたくさん捕れる地方である。ここでもサケ漁についてタブーがあった。そのことが鈴木牧之の『北越雪譜』に載っている。

○サケ漁の解禁は七月二十七日の諏訪のお祭りの翌日（それ以前の漁を禁止）。

○漁の終わりは寒中限りとす。

○産んだ卵を採ってはいけない。採るとその家は断絶する。

というように、漁撈でも神様や宗教と結びついた習慣や言い伝えとして、親から子へ、子から孫へと伝承されていた。

秋田県の雄物川もサケが大量に溯る川として知られている。ここにもサケ漁についてのタブーがある。

○産火はとてもきらい、産火を共にした（火で煮たものを一緒に食べた）者が漁場にいると、サケがあばれる。

海の漁師たちは、大漁を願って山の猟師以上に縁起をかつぐ集団である。産忌、酒の盃を倒す、海上で物をなくす、金物を海へ落とすことなどを特に禁忌事項としている。

四　年中行事・占い

㈠　年中行事と動物

年中行事には公事と民事の他、職業別や地区別など、分類すると数多くのものがある。ここでは農山村の暮らしの中で、江戸時代から慣習として行なってきたものに焦点をしぼり、さらにその中で、動物とのかかわりのあるものについて見てゆきたい。

農山村の、動物が関係する年中行事は、豊作を予祝したり、農作物を食い荒らす害獣や害鳥・害虫駆除の予行などが主なものである。

まず正月の行事で、年とり魚を除くと、動物では変わったものに、宮崎県椎葉村での正月の歯固めに、干柿と一緒に猪の肉を供え、小正月の餅花には山鳥を供える。ここは狩りの盛んな所で猪がよく獲れ、猪はこのほか霜月の神楽では猪の頭を御神屋《みこうや》の天井から吊ったり、祭壇に供えたりもする。

カニの年とり

長野県の北佐久、小県、諏訪の三郡にかけ、正月六日に行なう年とりで、「六日年取り」ともいう。昔は正月の暖かい日に、子どもたちが小川でサワガニを採ってきて、この晩の年とりの肴にしたり、竹・萩・豆がらの串に刺して戸口に挟み、流行病除けとした。最近はサワガニが捕れなくなったのでカニの絵を描いたり、カニという字を書いたりして戸口に下げたりするようになった。カニの鋏で鬼の目を突いたり、悪魔をよけるのだという。カニの絵やカニと書いた紙を火にあぶってこがし、「虫の口封じ」だとするところもある。

カラス呼び

カラスを山の神の使いと考え、初山入りや農始めの予祝としてこの鳥を呼び、米や餅を与える行事で、関東北部から東北にかけて行なわれている。

福島県いわき市では正月六日と十一日の二回、年男が枡に米、餅、魚などを入れて行き、カラスを呼んで与える。青森県上北郡では正月七日の朝食前にカラスを呼んで焼き餅を与えるし、岩手県遠野地方では、『遠野物語拾遺』によると小正月に「鳥呼ばり」といって枡に餅を小さく切って入れ、まだ日のあるうちに子どもらがこれを手に持って、「鳥来《こ》う小豆餅くれるから来う」と唄うと、カラスも知っていて、それを見て飛んでくるとある（二八〇）。

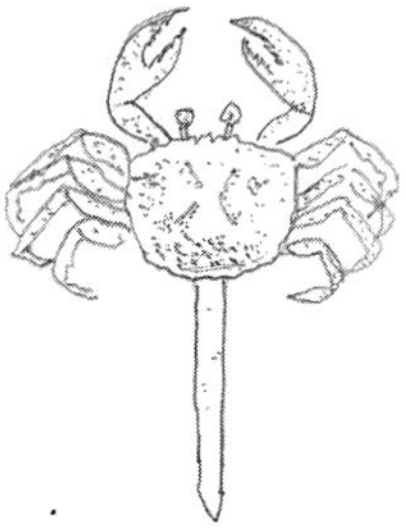

「カニの年とり」に玄関の戸口に刺して飾るサワガニの図

栃木県河内郡では正月十一日の未明に、家の裏の畑に畝を三つ立て、三か所に白紙を敷いてその上に米を置き、すこし離れて大声で、「カラス来いカラス来い」と呼び、その三つの米のどれを先についばむかを見て、その年に蒔く稲籾種の、早・中・晩を占い決めるとのこと（鈴木棠三『日本年中行事辞典』）。

虫の口焼き

農作物に付く害虫や、蚊やブユ、長虫（蛇）など人の生活の害虫を駆除するまじない行事で、小正月や節分の年とりの晩に行なう所が多い。

長野県北安曇郡下では、正月十五日の夕食を炊く時に、「口焼き」といって「蛇の口も焼けろ、虻《あぶ》の口も焼けろ、蚊の口も焼けろ、蜂の口も焼けろ」と唱えて、チャボガヤの葉を火にくべ、ぱちぱちと音をさせる。また隣の南安曇地方では節分の夜、鬼の豆を炒る時に、カヤか松の木、豆がらなどの先をすこし割って、そこへ田作りの頭をはさみ、それを火にあぶりながら、「稲の虫もジージー、菜の虫もジージー……」などと、農作物の名前や虫の名前をあげて呼び唱える。

和歌山県有田郡などでも節分の夜に、イワシの頭を大根の輪切りと一緒に竹串に刺し、ムラ中の人が出て辻で火を焚き、その火でこれをいぶし、唾を吐きかけてジュージューいわせ、「四十七難の虫の口焼く年越し」と大声で叫んだり、これを各家庭で炉の火で行なう所もあるという。

岩手県遠野地方では、この行事を一月二十日に行なう。「ヤイトヤキ」、または「ヨガカユブシ」と言って、松の葉を束ねて村中を持ち歩き、それに火をつけて互いに燻《いぶ》し合うことをする。これは夏になってから蚊や虫、蛇に負けぬようにという意味であり、「ヨガ蚊に負けな、蛇百足《むかで》に負けな」と唄いながら、どこの家へでも自由に入って行って燻し合いをする（『遠野物語拾遺』二九〇）とのこと。今もこれらの行事は行なわれているのだろうか。

このような行事を対馬では「虫焼き」といって正月二日に、新潟県では「菜虫焼き」といって正月十五日に、奈良県山辺・吉野郡では「蚊の口焼き」といって正月十四日に行ない、アブ、ブヨ、ムカデ、ガマ、ノミ、シラミなどの名をあげて唱える。

兵庫県川西市では正月十五日の夜に、「蚊の尻団子」というのを作って焼いて食べると、一年中蚊にさされないと言っている。徳島県那賀郡では、正月二十日に家の周囲に灰をまき、昆虫が入らないまじないだと言って、「コウの口焼き」と呼んでいるが、「蚊の口焼き」がなまったものだろう（『日本年中行事辞典』を参考）。

狐狩り

鳥取、京都、福井、兵庫の各府県などで、害獣を駆除する予祝として小正月に行なわれる行事。兵庫県神崎郡では「オロロ追い」といい、「オロロや出て行け、藪イタチ出て行け」とか「狐狩りやホロロホロロや……」などと子供たちが大声で囃し、ムラ境まで行くなどする。オロロとかホロロとは、元は掛け声だったようだが、いつか狐の名前のように思われるようになっている。

京都府天田《あまた》郡には、ワラで狐の形を作って村境で焼き捨て、後をふり向かずに帰ってくるのを「狐狩り」と言っている所があるが、これが原形だろう。似たような行事に、しし追い、鳥追い、モグラ送りなどがあるが、いずれも発想は同じところにあると思われる。

鳥追い

一月十四日の晩または十五日の朝などに「鳥追い」の行事を行なう所が信州や新潟県のほか、関東から東北地方にかけて多い。

長野県北安曇地方では十四日の晩にやる所と十五日の朝にやる所とある。どちらかというと早暁に行なう所が多いが、晩に行なうという所もある。朝行なうのを朝鳥ボイ、晩に行なうのをヨノドリ追いといい、なかには両方行なう所もある。が、元は十四日の歳越しの深夜から十五日正月の元旦にかけての徹夜の祈願行事だったと思われる。

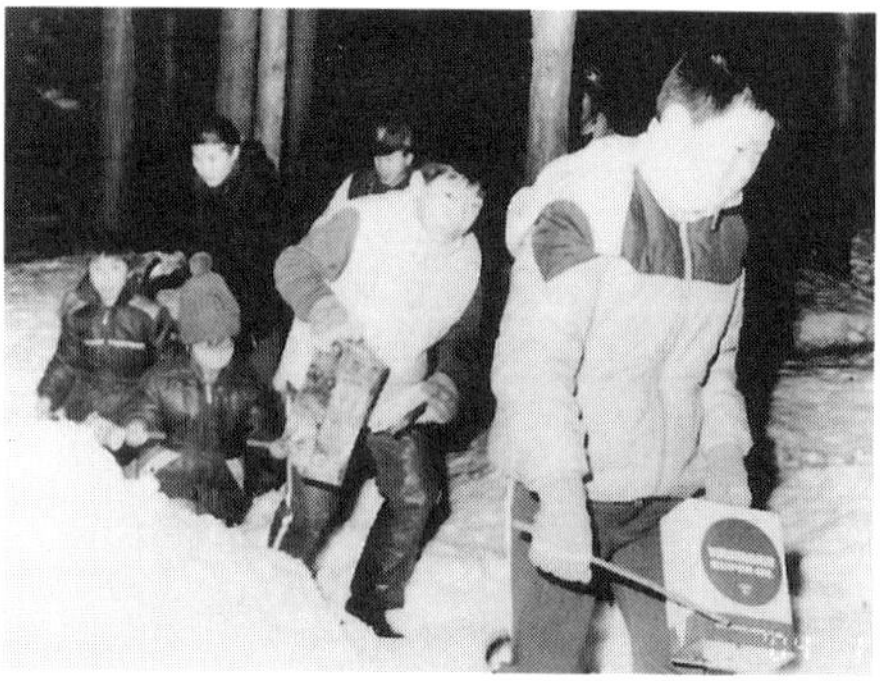

子どもたちが鳴り物を叩きながら夜明けのムラを回り歩く鳥追いの行事（新潟県糸魚川市真光寺）

鳥追いはどこも十四日に家の男衆がクルミの木で杵を作ってくれ、それを使って屋根雪落しのこすきなどありあわせの板を叩いて行なう。これを行なうのは子どもたちで、皆で話し合ってムラごとや木戸ごとに集まり、次のような唄を唄いながらこの板を叩いて地区を回る。

わりや何処の鳥追いだ　でーろーどんの鳥追いだ
かしら切って尻切って　小俵につめ込んで
佐渡が島へほんやらほいのほーいほい

秋田県西田川郡では十五日の晩に、大人も子どもも参加して行なわれる。家の外に出た一行は、「夜の鳥ホーエホエホエ、とうどの鳥と田舎の鳥と、渡らぬ先に……」などと、七草ガユを作る時の唄によく似た唄を口々に唱えながら、棒で板など叩いて行なう。この棒を「よん鳥棒」と呼んでいる。

同じ秋田県でも平鹿《ひらか》郡では、雪で作ったカマクラに集まった子どもたちは、十五日に家々を回り「鳥追いに来ました」と言い、家の人が「よく来て下さいました」とか「ご苦労様です……」などと言って迎えると、子どもたちは鳥追い唄を唄う。

『遠野物語拾遺』を見ると、岩手県遠野地方の「鳥追い」の行事は、ヨンドリまたはヨウドリと呼んで、一月十六日の未明に起きて家の周囲を板を叩いて三度回る、とある。

よんどりほい。朝鳥《あさどり》ほい。よなかのよい時や、鳥こもないじゃ、ほういほい。

という唄を唄ったり、または、

夜《よ》よ鳥ほい。朝鳥ほい。あんまり悪い鳥こば、頭あ割って塩つけて、かごさ入れてからがいて、蝦夷《えぞ》が島さ追《ほ》ってやれ。ほういほい。

と唄って、木で膳の裏などを叩いて回る(二八九)。

富山県でも明治の中ごろまでは全県的に「鳥追い」の行事が行なわれたようだ。しかし、昭和四十年代になると、実施している市町村はわずかになった。富山県から岐阜県の飛驒地方にかけては、「追う」ことを「ぼい」と言っており、したがって「鳥追い」も「鳥ぼい」と言っている。

鳥ぼいは正月十五日の朝早く、子どもたちはワラ沓をはいて笹竹を振りまわしながら、田の畦道を、「のしろのおばさん　なんの鳥ぼうじゃ　あさくる雀　昼くる鳥　ホワイ　ホワイ　ホワイ」などと唄いながら回ったり、地区によっては、そんな程度では物足りないと、ワラを束ねて地面を叩いておどして回る地方もあり、このワラ束を「鳥追い杵」と呼んでいる。唄の文句も長野県下と同じく、地区によってさまざまだった。

鳥追い唄の唄の文句の中に出てくる鳥は、サギ、カモ、カラス、スズメなど、どこでも同じだが、新潟県下のものには、今は野生種は絶滅してしまったトキの名前が出てき、トキが昔は代表的害鳥だったことが知られて興味深い。

富山県小矢部市藪波では、一月十五日に「鴨追い」という行事も行なわれた。この朝、子どもたちは湿田や池のある所に行き、

苗代田のおばさん　鳥追うてくれっしゃい　何鳥追うじゃ

朝鳥　夜鳥　昼間の烏《からす》　夜《よ》さるのムジナ　ホワーイ　ホワイホワイ

と唄い歩いた。

しし追い

昔は猪、鹿、カモシカなどの大型獣による農作物への被害も大きく、これらを鳥追いやモグラ追いなどと同じように、小正月などに追う一連の行事として行なうところも多かった。

長野県の天竜川上流の伊那谷では、一月十四日の未明に子どもたちが家の外で行なっている。ここではシシとは猪、鹿、カモシカの総称で、江戸時代にはこれら三種の哺乳類や鳥による農作物の被害は大変なものだったようだ。それで、冬のうちからこれらを追い払う予祝行事が行なわれ、いつか定着していったものだろう。

この行事は、まず手ごろな柳の小枝を伐ってその皮を剝ぎ、ワラを一～二本ぐるぐるねじるように巻きつけ、焚火でいぶしてそのワラを除くと、黒と白のねじれ紋様の付いた棒ができる。これが「猪《しし》追い棒」で、この棒で子どもたちが羽子板などを叩きながら、次の唄を唄って村の中を歩き回るのである。

猪《しし》やーい鳥やーい　粟の鳥もぽっぽ　米の鳥もぽっぽ
ぽっぽの鳥の頭へは　ええとすえて灸《きゅう》すえて　かじが島へ追い流せ
猪やーい　鳥やーい

仙台市でも一月十五日の早朝に、正月飾りの幣を長い竿の先に結びつけて振り回し、大声で「ヤァヘイヤアヘイ　猪かのしし　尻ゃもっくり　ヤアヘイヤアヘイ……」などと囃す行事があり、「ヤアヘイ」と言っているが、どちらもしし追いと鳥追いが一緒になった行事のようだ。今から百数十年前に東北を旅した菅江真澄は、岩手県胆沢《いさわ》郡でこの行事を採録し記録しているが、ここでの囃し言葉は、「猪かのしし、勘六殿に追われて、尻尾はむっくりホーイホイ」だった。

ナマコ引き（モグラ送り）

鳥追いやしし追いなどと共に、小正月などに行なわれる、畑を荒らすモグラを追う予祝行事。京阪地方では節分に行なう。やり方や名称は地方によって異なる。

岩手県遠野では「ナマゴヒキ」といって小正月の十五日に、「ナマゴ殿のお通り、もぐら殿のお国替え」という文句をどなりながら、馬の沓に縄をつけたのを引きずって、家の周囲や屋敷の中を回り歩く。

富山県下でも遠野地方と同じくモグラ除けの「ナマコ引き」という行事が大正のころまで小正月に行なわれていた。が、もうそのころには「ナマコ引き」という行事名はすたれ、「ナマコ」という名称だけが唄の文句の中に残るだけとなっていた。この行事は槌《つち》に縄をつけて、家の周りを、「モグラモチ　モグラモチ　ナマコのお通りじゃ」と囃しながら引き回すもので、これをやるとその年はもぐらが入らないと言われた。

モグラ追いの行事は長野県下にも昭和の初めごろまであった。北安曇地方では、正月十五日の朝、カユが煮える前に、庭の畑へ杵や鍬を持って行き、次のような唄を唄いながら畑の土を打ったり、雪のある地方では杵に縄をつけて雪の上を引きずり回した。

モグラどなおうちにか　ナマコどなおんまいだ　どっしりしょ　どっしりしょ
モグラもちゃもっくりしょ　杵もちゃどっさりしょ

福島県いわき市などでは、ワラ打ちのつちぼうに縄を付けて畑の中を引き回し、一人が、「なまこ殿のお通りだ、むぐろ（モグラ）どんお留守かい〳〵」と大声で言うと、後の一人が「お留守〳〵」と答え、

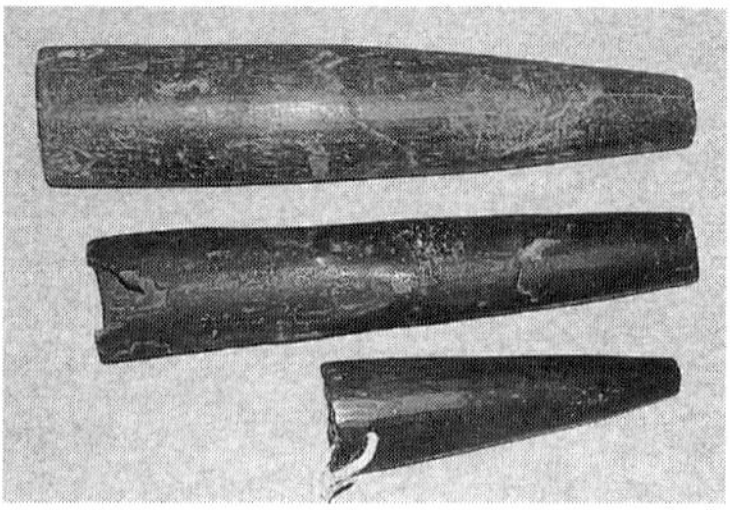
オオカミおどしに用いた桐製のメガホン（岩手県和賀郡沢内村碧祥寺博物館蔵）

これを「むぐろよけ」と呼んでいる。モグラ除けのなまりである。

仙台市でも正月十五日に「海鼠《なまこ》引き」といって、子どもらがナマコに長い糸を付けたのを引き回し、鉦・太鼓を鳴らし、「もぐらもち内にか、なまこ殿のお通りよ」と囃す。気仙沼市でもナマコを苞に包んで、同じような唱え言をいいながら引き回すそうだ。

宮城県宮城郡では、ナマコの代わりにアワビ貝に縄を通して家の周囲を引き歩き、「なまこ殿お通りだ」と唱えるという。

以上の唄の文句にあるように、ナマコとモグラは敵薬関係（配合のぐあいによって互いに毒となる薬、または食い合わせて毒になるもの）にあり、逢うのを嫌っていることが分かる。海のナマコと陸のモグラがそんな関係にあることを知って唱え言葉にしていた昔の人の博識には頭の下がる思いがする。

やり方で一風変わっているものに肥桶の底を叩くものがある。愛知県宝飯《ほい》郡でもそうだが、京都府亀岡市では節分の晩に、肥桶の底を柄杓で叩き「ままこどんのお祝いじゃ」などと囃す。長野県の更級《さらしな》郡などでも、正月十五日の早朝に、肥桶をきいきいとこすり、「もぐらホイ、谷行けホイ、山行けホイ、蛇もむかでも谷行けホイ、山行けホイ、ホイホイホイ」と唄いながら杵で土餅を搗き回って歩く。

最後に名称について見ると、九州では「もぐら打ち」、愛知県では「えぐらおどし」、岩手県、宮城県などで「なまこ引き」、山形県で「もぐらもち」、福島県いわき市で「むぐろよけ」、新潟県で「もぐら送り」、長野県北安曇郡で「もぐら追い」といっている。

狼追《おいぬぼ》い

岩手県で行なわれた小正月の行事。正月十五日の夜明けの、鳥追いを行なうのと同じ時刻に、桐の木で作ったメガホンかほら貝を吹いて狼を追うもの。遠野地方ではこれとは別に小正月の行事として、「狼の餅」といって藁苞に餅の切れを包んで山麓の木の枝に結びつけてやる行事があった。これらは人畜の安全を祈ると共に、山の神またはその使いとしてのオオカミを敬ったものと思われる。

次に正月以外の、二月以後に行なう行事を見てみよう。

焼嗅《やいか》がし

節分の夜に行なうところが多いが、一部の地方では小正月の夜に行なうところもある行事。鬼、厄病神、悪魔を追い払う呪いで、昔から農作物の害獣や害虫を駆除するのに、臭気を用いて行なう方法があるが、それにヒントを得たと思われる予祝行事だ。

イワシの頭を火にあぶって串に刺したり、串の頭を割ってそこへはさみ、つばをはきかけたりして、それにヒイラギ、サンショウ、カヤなど、鬼が目を突いたりする木の小枝と、くさい臭いのするものとして、古草履、古草鞋、古沓などを一緒に、戸口や窓の所に刺したりつるしたりする。

この行事の呼び方は、鈴木棠三『日本年中行事辞典』によると、静岡、山梨、新潟の各県などでヤイカガシ（ヤキコガシ）、東北地方ではヤツカガシ（ヤツカガシラ）、愛知県の岡崎市辺でもヤツカガシという。

くさい臭いのするようにと、このほかトベラやアセビの生葉を燃やすところもある。ヒイラギやカヤはこれで鬼が目を突くのだとし「目突き柴」と言ったり、京都辺では「鬼の目突き」と呼んで、とげの多いタラノキを使うところもあるという。

虫炒《い》り

静岡県の西部から愛知県東部にかけて行なわれている、害虫駆除のまじない行事で、小正月や節分に行なう「虫の口焼き」と同一の発想によるもの。

旧暦の五月六日に行なう所が多く、静岡県周智郡では「虫炒《い》り」といって新しい小麦と豆を炒ったものを虫供養として食べるだけだが、磐田郡ではこれを神様に供え、麦ぬかと草の実を炒ったのを家の周りに虫害のないようにとまく。愛知県内でも虫炒香煎《こうせん》といって、新麦の穂を採り、炒って粉にひき、家の周りにまいて虫害のないよう祈る。

ノミ送り

宮城県や岩手県地方で六月一日に行なう蚤除けの行事。オオバコやギシギシの葉を採ってきて座敷にまき、それを掃き集めて川に流し、家では餅をつき、大黒様に供えたりする。秋田地方では七月一日に、ノミ掃きといって各家でほこりを払う行事をする。

虫干し

古くから宮中や各寺院で、宝物や名画・名器を出し、虫払いや虫干しが行なわれてきている。民間でも縁側や綱を張ったり物干し竿を出して、平素は着ない晴着などを掛けて干し、害虫の被害から守るよう、夏の土用中の天気の良い日に毎年行なう行事で、「土用干し」とも呼んでいる。虫干し後は新たにナフタリンや樟脳などの防虫剤や殺虫剤を入れて、再び簞笥などに納めるのが恒例である。

虫払《むしばれ》い

本州より稲の生育が一足早い沖縄地方では、稲の害虫の発生も早い。そこで四月に稲に付く害虫を海やムラの外に追い払う行事を行なっている。これを「あぶしばれい」（畦の虫払い）と言っている。あぶしとは畦のことで、古くは首里の宮廷で、王様が自ら鉼《ひら》を取り、畦を三度突いて害虫追放の儀式をしたといい、以来これと同様のまじないが近年まで続いていて、今では害虫ばかりでなくネズミなども追う行事となっているという。

鹿児島県奄美大島では四月初めの壬《みずのえ》の日に「あじらね虫からし」という名称で虫払いの行事が行なわれている。「あじらね」はこの地方で畦のことで、今では行事のやり方はすっかり変わってしまっている。名瀬市などでは他所から来た人には、かまどの泥を投げつける習わしで、そうしないとハブが多く出るといわれている。

虫送り

本州でも、全国各地の農村で、「虫送り」という、農作物にとりついて被害を与える害虫を、ムラはずれまで送り、川へ流したり、隣の集落へ回してやるなどの行事が広く行なわれていた。

「虫送り」のやり方にも、地区によっていろいろなやり方があっ

「虫送り」行事の最後の風景（長野県大町市二屋）

た。筆者が住む長野県白馬村の内山地区では旧暦の八月にムラじゅうから各戸一人ずつ参加して、お堂から数珠を持って田圃中の丘の上の芝生に輪になって全員腰をおろし、南無阿弥陀仏を唱えがなら数珠を回し、害虫除けの祈禱をした。しかし他の集落ではワラで人形、馬、小さなつぐらを作り、細木二本を用意してこれに馬の左右の足を別々に結びつけ、馬の腹にはつぐらを下げ、上には人形を乗せ、子どもたちが細木の先を持って隊列を作って畦道をねり歩く。この時ほら貝、笛、太鼓、鉦などを鳴らし、「コウジ虫送り」などと書いた紙旗を持ち、途中、稲や畑作物に付くいろいろな害虫を採って、馬の腹下のつぐらに入れ、目的地の川やムラ境に着くと、馬、人形などをそっくり川に流したり、つぐらの虫を出して殺すなどして帰ってくるところが多かった。またこのほか、戸隠などの神社にお詣りし、御幣をもらってきて田畑に立てる所もあった。しかしこの行事も、ほとんどのところで大正末にはすたれてやらなくなった。

富山県下でも「虫送り」行事は、ずいぶん古くから行なわれていたようで、『富山県史 民俗編』によると、元禄年間にはすでに行なわれていた記録があり、最初は虫害を防ぐ祈りから始まり、のちには春秋の祭りと共に農村の大きな行事の一つにまで発展し、この日は奉公人も休日となった。呼び名も、射水《いみず》・礪波《となみ》地方では虫送り、虫まつり、虫送り盆、幣《しで》まつり、稲虫送りなどと呼び、福光地方では熱《にっ》送り、熱送るばいといった。

行事の期日ややり方は地方により違い、礪波の福光《ふくみつ》、城端《じょうはな》、井波地方では田植え後一〇日ほどしてから、毎晩若い衆が田へ出て太鼓を叩き、松明《たいまつ》を持って回る習わしだった。また、中礪波から高岡や氷見《ひみ》方面では、六月下旬から七月にかけて各神社で虫よけの祈禱をし、その青竹に幣をつけて田の畦に立てるものだった。また小矢部では土用の三番を「虫オコル」といい、ムラじゅうの人が夕方松明を持って集まり、田の周りを練り歩いた。

また、福光町では「につ送り」（熱送り）といって、土用三番の日に、ムラじゅうが集まり太鼓を叩いて回ったり、各戸では、笹に短冊を下げて田の面を、虫を払うように払って川に流す所や、ムラによってはワラで舟や人形を作り、舟に人形を乗せて担ぎ回る所もあった。いずれも害虫の発生を悪霊の仕業と思っていたころのことである。

しかし福光町では現在も観光行事の一つとして、毎年七月二十二日と二十三日に、氏神の八幡様に稲虫駆除を祈禱してから、ジジとババというワラ人形を乗せた紙張りの舟を引き出す。人びとはそれにつきまとい、笹竹で稲を払って田の道を回る。このとき大太鼓も出て、田の辻々で打ち鳴らし、終わると笹は小矢部川へ流す。

米を何よりも大事にしてきた日本人にとって、稲につくイナゴ、ウンカ、ヨコバイ、ツト虫などすべての虫が敵で、これらの虫からの被害を無くすために神仏にすがってきたのだ。

近畿地方以西の「虫送り」も大同小異で、夏に松明をかざし、鉦や太鼓を打ち、囃し言葉を唱え、形代《かたしろ》のワラ人形を川などの境まで送るもので、別名を「実盛《さねもり》送り」とも言っている。平維盛《これもり》の家臣実盛が白髪老齢の身をかえりみず木曽義仲の軍と戦い、田で戦死をとげたが、稲の虫はその亡霊が化したものだといわれている。したがって害虫駆除はその御霊《おんりょう》を鎮めることだと、ここでは信じられている。白髪を染めて死地に赴いた老将の怨念が、稲を喰い荒す虫（サネモリ虫）になったとはうまい考えだ。

洛北広河原と呼ばれている京都市左京区、ここでの「虫送り」も七月で、二日午後に松明を作り、夜を待って各戸から一人以上が参加し、手に手に松明をかざし、鉦、太鼓を鳴らし、「エー、ワンダ何を送るワイ、ネー虫、ハー虫、サーシ虫、ドーロ虫、送るワイ」と囃しながら田中の道を、ムラはずれまで稲の害虫を追って行く。

昔は稲に群れをなして付き、汁を吸うウンカを送る「ウンカ送り」という特別の行事をやっている所もあった。早川孝太郎『三州横山話』によると、愛知県南設楽《しだら》郡早速村では、明治二十七年ころまで「ウンカ送り」をやっていた。静岡県の秋葉山へ行って御火を火縄にうけて迎えてき、この火を高張り提灯に移す。火縄は竹の先にはさんでこれを先頭に、太鼓、鉦、笛の鳴り物入りで幣束を持って田面を払いながら隣村との村境まで練って行き、そこで幣束を焼き捨てた、という。

(二) 占い

科学的知識が乏しかった縄文時代や弥生時代には、あらゆることを占いによって判断し行動する、占術社会といってもよいくらい広く占いが行なわれていたようだ。

それを証拠づけるものとして、三浦半島や佐渡の千種遺跡からは、西暦二〇〇年ごろのものと思われる占骨が出土している。鹿の肩胛骨が主であるが、イノシシの肩胛骨や肋骨片も出土しており、骨には五ミリ前後の小さな円形の焦げ跡が点々とついていて、その焦げ跡にはひびが入っている。当時の人はこのひびの入り具合によって吉凶を占ったのだ。鹿の肩甲骨を焼いて占いをしたことは『古事記』にも載っている。このような占いは形は変わっても、以後ずっと生き続け、山村では昭和になっても見られた。そして猟に出かけるにも、何日が良いか、方角はどうかなどを占ったり、稲の種籾を浸すにも良い日を選び、早・中・晩のどの種がよいかを占って決めるなどのことが、ごく最近まで行なわれていた。そして年中行事の中にも組み込まれていた。

カラス呼び

カラスを呼んで餌を与え、その食べ具合によってその年のいろいろなことを占う行事が各地で行なわれていることはすでに述べた。日取りは一月の小正月の前か後に行なうもので、栃木県河内《かわち》郡では正月十一日の未明に家の裏の畑の三か所に白紙を敷いて米をそれぞれに置き、すこし離れて大声で「カラス来い、カラス来い」と呼び、やってきたカラスが三つの中のいずれを先についばむかを見て、その年の稲籾の早・中・晩いずれの種を蒔くかを占う。

アユによる占い

アユは鮎と書き、占いをして得た魚の故事から作られた字だという。『日本書紀』仲哀天皇九年のこと、佐賀県東松浦郡の辺で神功皇后が三韓遠征に出かけるにあたり、針を曲げて魚の釣鉤を作り、飯粒を餌にして糸を垂らし、「我西方にある新羅を求めんと欲す。もし事を成すことができるなら、この鉤に川の魚がかかれ」と占うと、アユがかかったという故事による。

さらに『日本書紀』には、神武天皇が即位する前のこと、壺に飴を入れて丹生《にう》川に沈め、「もし大小の魚が木の葉の流れるように浮くならば日本国を平定できるであろう、浮かばなかったら失敗に終わるだろう」と成否を占った。するとしばらくして魚が口をパクパクさせて浮いてきたので大いに喜び、進軍を続け、大和の橿原宮で天皇の位についた、とある。

ところで、アユによる占いが今も行なわれている所がある。矢野憲一『魚の文化史』などによると、三重県度会《わたらい》郡大宮町滝原で、毎年旧暦の六月一日に、大宮町漁業組合が主催する「御贄《おんべ》祭り」でのこと。お宮の近くを流れる宮川の上流には大滝峡があり大滝神社が祀られているが、その岩の上に「お鉢」と呼ぶ水をたたえた凹みがある。ここへ町長以下一二人が、アユを一尾ずつ投げ入れて、うまくそこへ入れられるかどうかによって、その年の豊作や豊漁を占うもの。

サケの豊凶占い

アイヌの人たちにとってその年のサケ漁の豊凶は、サケが主食の一部であるだけに死活問題である。それでアイヌの人たちはいろいろな方法で、その年のサケの豊凶を占った。

まず春先に一番早く咲くコブシの花のつき方で占った。コブシの花が上を向いて咲けばサケは不漁、逆に下を向いて咲けば豊漁になると言っている。

次にカッコウとツツドリの初鳴きの具合でも占う。カッコウとツツドリは夫婦の神で、カッコウが男神、ツツドリが女神だとのこと。で、この夫婦の神は神の国ではサケの入っている家に住んでいて、春になり、女神が先に家を出ると男神がその後を追う。そのさい戸をろくに閉めないで飛び出すので、その年はサケがたくさん出てくるので豊漁になる。反対に男神が先に出ると、女神は戸をていねいに閉めて出てくるので、その年はサケは外に出られず不漁になるという。

第三章　人間生活に利用される動物たち

一　食生活への利用

(一)　哺乳類

耕作栽培する技術を持たない縄文人は、狩猟や漁撈により食用となる動物を得たほか、食用となる木の実や草木類を採集して暮らしていたようだ。

雑穀や稲の栽培が始まり、主食の確保はできても、タンパク質は狩猟や漁撈により、動物性タンパクを主として摂ってきた。動物性タンパクはそれぞれ種ごとに特有の味、香り、材質が知られてきている。

動物性タンパクは主として肉を食用とすることによって得られた。なかでも、量・質共に優位にあるのが哺乳類だった。縄文遺跡から出土する骨などから、当時食糧にされていたと思われる哺乳類の主なものには、シカ、イノシシ、ノウサギ、クマ、アナグマ、サル、リス、モグラ、イタチ、オオカミ、キツネ、タヌキ、カワウソ、ムササビ、カモシカなどがある（永山久夫『たべもの古代史』）。これを見ると、うまいまずいは関係なく手当たり次第に捕らえられるものは何でも捕らえて口にしていた感じがする。今から一〇年くらい前、筆者は中国で、四つ足で食べないのはイスと机だけで、他の四つ足のものは何でも食べると聞いて驚いたが、縄文人もそのようだったと想像される。

しかし古墳時代になると、出土する骨もシカ、イノシシが一番多くなり、ノウサギ、サル、クマがこれに次いで、タヌキ、キツネの骨は次第に減ってくる。これは一つには焼畑が次第に普及してくるのにつれて、シカやイノシシが多くなったこと、二つには次第に食糧も豊かになり、より美味なものを摂る時代へ

江戸時代に参拝者に土産として発行した諏訪大社の「鹿食之免」のお札とその板木（諏訪大社蔵）

と変わってきて、味のよいイノシシやシカ肉を多く摂り、まずいタヌキやキツネの肉は次第に敬遠されるようになった、と考えられる。

次に、獣肉食が衰微する時代が、京の都を中心に、仏教の渡来・普及にともなう殺生禁断によってやってくる。

しかし一部には獣肉の味が忘れられず、何とかして食べたいという者があったり、実際獣肉は栄養価も高く、食べると精力がつくとか、体が暖まる、小児の夜尿症が止るとか、いろいろ薬効があるとこれを認める医者もいて、獣肉は「薬喰《くすりぐ》い」という名前で、一部の民衆に食べられている向きもあった。

またこれとは別に、長野県の諏訪大社上社は、戦の神、狩猟の神として知られ、古くから動物の生贄（いきにえ）を神前にたくさん捧げる神社として有名で、この神社には特別殺生が上様から許されていた。

そこでこの神社からは、「鹿食免」とか「鹿食箸」という、これを持っていれば特別に鹿などの獣肉を食ってもよろしいという「免許状」のごときお札が発行されていた。これは同社にある「業尽有情　虽放不生　故宿人身　同證仏果」（寿命の尽きた生物は放しておいても死ぬ。むしろ人に食ってもらってその縁で極楽往生させてもらうにしくはない）という呪文に見られるとおり、殺生はなさけ深い行為であるとしていて、このお札をたくさん刷って、参拝者は土産に買って行ったり、毎年地方の信徒の村々を回る「御師《おし》」と呼ばれる神社の営業マンが持参して分けてあげていた。

以上のような次第で、江戸時代も末期の文化・文政のころになると、江戸の町中にも獣肉を売る店が現われ、獣肉を食べる人も次第に増えていった。

地方でも、雪の少ない、イノシシやシカの多く生息する地方では、「おちか」と呼ぶオオカミの喰い残しの鹿肉を拾ったり、落とし穴などによってイノシシやシカを捕って食べていたし、雪の多いイノシシやシカの生息しない地方では、雪穴にひそむノウサギを、タカの羽音をさせる物を投げて生け捕る猟法や、針金の輪を作って捕るワナ猟などで捕って、食用としたり、たまにはカモシカやクマなども猟師から分けてもらって食べていて、結構民衆は獣類の味を知っていたようだ。

肉の味のよい獣を一般にししと呼んだ。鹿は「かのしし」、猪は「いのしし」、カモシカは「かもしし」と呼んで、味のよい順序では一番がイノシシ、二番がカモシカ、三番がシカで、そんなところから猪は「いの一番」だと言われ、「ししの肉を喰わぬうちは、うまいもの喰ったと言うな」という諺もあるくらいおいしい肉だった。クマの肉はこれらに次いで四番だといわれた。

では次に、それぞれの肉の味の特徴と、美味とされる時期などについて見ていこう。

イノシシ

肉の味は甘く濃厚で、「山くじら」と呼ばれるほどの美味。焼肉とするほか味噌を入れた「しし鍋」が一般的。脂ののる冬が美味とされるが、この肉を食べると冷えるとも言われる。この肉を「ぼたん」と呼ぶのは、馬肉の「さくら」に対しての民間の言葉。獣肉の中で一番美味とされる。

刺身がうまいといわれるニホンジカ

カモシカ

にくとかくらししとも呼び、この肉は食べると暖まるので夜尿症の子どもや冷え症の婦人によいといわれた。特に晩秋の肉が美味で、このころのものを「木の葉肉」と呼んだ。煮て食べるのが一般的だが、味噌漬け、塩漬けとして保存したり、塩ゆでにして干したものを、猟師は「ほしか」と呼んで、岳山猟の非常食として愛用した。また小腸を「よどみ」といって、内容物がつまったまま干したものは青木の香りがして特につうの人に喜ばれ、酒のつまみとして最高と言われた。

シカ

鹿の肉は味が淡白で「刺身」が一番と言われ、特に十一月ごろの雄鹿の背肉は、マグロのトロよりうまいといわれている。鹿の肉もカモシカの肉と同じく、食べると体が暖まるといわれ、すき焼にするほか、猟師はこの肉を水煮にして干したものを、猟の時の携行食や非常食として愛用している人が多い。

クマ

ツキノワグマは肉よりも高価な胆や毛皮が目的で捕獲が行なわれてきた。昔は主に春先の、冬眠穴にいるものを槍で突いて捕った。肉は、参加者に分配するほか、煮て近所の人や知人を呼んで食べさせたり、塩漬け、味噌漬けにして保存食とした。肉のほか肝臓は煮て、心臓は刺身にしたり、腎臓や睾丸《こうがん》は焼いて食べ、足の裏も豚足のように煮て食べるなど、捨てる所なく利用した。

ノウサギ

大きさも手ごろな上、農山村の家の近くの野山に数多く生息していて、素人にも捕獲しやすかったから、獣の仲間では一番庶民の口にした肉だった。肉は柔らかく淡白でくせもなく食べやすい。肉を採った後の骨まで、大根と一緒に煮て味出しにしたり、石の上で叩いて細かくし、ダンゴにして煮て食べた。しかし昭和四十年ごろからは、皮膚の表面にミミズが這ったような跡ができ、そこに粒々がたくさんできる寄生虫病が流行し、これにかかるノウサギが増えた。その結果、数は急激に減ったし、このころから日本の農山村の食生活も豊かになり、豚肉や牛肉がスーパーで売られるようになって、ノウサギを食べる習慣もなくなっていった。

タヌキとアナグマ

昔から「タヌキ汁」という言葉は広く知られているが、食べたことのある人は少なく、食べた人は「こんな臭くてまずいものはない」と言って、一口食べただけで止める人がほとんどだ。タヌキの肉はそれほど臭くてまずいものだ。ところが、体の大きさや姿形も似ていて、昔から名称の上でしばしばタヌキと混同されてきたアナグマの肉は、脂肪分が多く、煮ても美味である。山村の人はこのことをちゃんと知っていて、両者の肉を間違えるようなことは昔からしてこなかった。どうやら昔から言うタヌキ汁は「アナグマ汁」のことを、両者の区別をよく知らない都会人か文人が言い広めたもののようで、とんでもない間違いである。

㈡　鳥　類

縄文時代の遺跡からは、カモ、キジ、ヤマドリ、カラス、ツル、ハクチョウなどの骨が出土しているから、この時代すでにこれらの鳥類を捕獲して、食用にしていたことが推察できる。

九二七年に撰出された『延喜式』を見ると、鳥類で貢進されたものに「信濃国、中男作物」に、雉腊が、また鳩が「内膳司」の「諸国貢進　御贄」の項に、大和国吉野の御厨から献じられたと載っている。腊《キタヒ》は干肉のことで、当時は高速輸送手段や冷凍施設もなかったから、生肉の保存は干すか塩漬けにするしかなかった。それで雉肉も干肉で税として納めるよう命じていたのである。

雉は肉の味がよいうえ羽が弱く、あまり遠くや長時間は飛べない鳥である。そのことを人びとは古くから知っていて鷹の鳥と呼んで「鷹狩り」の最もよい対象鳥とされてきたほか、「追鳥狩り」と呼ぶ方法で素手で捕獲するなどして、上流社会はもちろん、山村の人たちも口にしていた鳥である。

山鳥も、肉の味、習性、羽の弱さなどの点で雉によく似た鳥であるので、追鳥狩りの対象となった鳥で、雉と共によく食用とされた。

鴨の仲間は種類が多いが、いずれも肉の味がよく、『本朝食鑑』にも「味は各種の禽よりも最も勝《すぐ》れている」とある。天皇家でも古くから鴨肉を愛用し、鴨を網を用いて捕る専用の猟場を持っている。鴨猟は民間でも行なわれていて、網によるほか黐《もち》による捕獲法もあり、『日本山海名産図会』にも載っている。

秋田県下には「六七蚊、八九蠅《はえ》、十月でろで鍋割り」という諺がある。「六～七月は蚊に悩まされ、八～九月は蠅に悩まされるが、十月になるとこれらから解放され、おいしいでろ鴨（カルガモ）の肉鍋をつついて、鍋底まで割ってしまうほどよい季節がやってくる」という意味。秋になるとそれほど鴨の味は甘味が増しておいしくなる。

ついでに仁部富之助氏の『野鳥八十三話』の中から、秋田県下で言われている野鳥の季節による味のちがいなどについて書き出してみよう。

まず美味なものでは、「青菜タカブとツクベカン」がある。タカブはコガモの方言で、コガモの最もうまいのは春になって青菜を食べるころのもの。北の地へ帰るころのコガモは全身脂肪の塊といいたいほど脂でまるまる肥っている。「ツクベカン」のツクベはツクシのこと、カンはガンである。ガンの肉はツクシを食べるころのものが最もうまいとのこと。

また、「寒スズメ。寒雀は薬になる。寒雀は温もりの薬」などと言い、寒い時期のスズメの味を礼讃した言葉である。

『延喜式』でも貢進物となっていたキジ

次にまずいものに、「寒が過ぎての雉の肉。寒が過ぎて山鳥。糞臭いのが雉の肉」という言葉がある。キジと山鳥は、寒までが肥っていてうまいが、寒が過ぎると脂肪ががた落ちして、肉はすっぱくなってしまう。これを糞臭いと言ったものだろう。

秋になると野生の鳥の肉の味は一段とよくなる。昭和二十二（一九四七）年にカスミ網猟が禁止になって急に減少したが、それまでは岐阜県の美濃地方から長野県の木曽谷などを中心にカスミ網による小鳥猟が盛んで、ツグミやアトリなどの、秋の渡りで訪れる小鳥をそれこそ一網打尽に捕らえて焼鳥料理とした。

焼鳥を食べながら一杯やり、紅葉を愛でる「鳥焼き」と呼ぶ秋の行楽行事は、大正のころから太平洋戦争が始まるころまでが盛んで、全国各地で行なわれていた。

カラス

今はカラスを食べている所はないようだが、一昔前まではカラスの肉を料理して食べている所が、全国にかなりあった。その中心は長野県から新潟県の北部で、群馬県、福島県の阿武隈山地から東北地方の山間部でも以前は食べていたし、史料によると江戸時代はさらに広い範囲で食べていたようだ。長野県の上田市や小県郡内、それに新潟県の北部地方ではごく最近まで食べていた。ハシブトガラスの肉は臭いが、ハシボソガラスの肉は臭くないのでこれを料理した。

料理法は肉を骨ごとよく叩き、豆腐、おから、サンショウ、味噌、砂糖、小麦粉を混ぜてこね、これをホットドックかローソク状の形にして串に刺し、タレをつけながら弱火で焼き上げたもので、その姿から「ローソク焼き」とか「鳥田楽」と呼んだ。上田市の一月八日の「八日堂縁日」には名物として市販したほか、太平洋戦争前までは、珍客があると家庭でも作ってもてなしていた。

九州の一部の地方にもカラスの肉を食べる習慣があり、「烏ちぎり」という猟法で、烏が集団で夜ねぐらに休んでいるところを大勢で襲って捕獲していたという。

また、秋田県大曲市には、カラス捕り専門の人がいて、一度に三〇羽も、竹を使っていとも簡単に捕っていたという。

トキ

鳥肉の料理で変わったものにトキの「闇夜鍋」と呼ぶ料理があった。トキは明治の初めまでは日本の各地にたくさんいて、水田を荒らすので害鳥とされてきたことは前述のとおりであるが、肉は婦人の血の道の良薬として知られ、多くの婦人に用いられていたし、一般にも食用とされていた。

しかし、トキの肉は煮ると汁が赤くなるので、なぜか食べにくいものだった。それでトキの肉を煮た鍋を食べる時は、灯を消して食べる習慣がいつしか生まれ、そんなところから、「トキの闇夜鍋」という名がつけられたとのことである。今は昔の話である。

(三) 両生類

カエル

宝永六（一七〇九）年刊の貝原益軒『大和本草』には「……本邦にても古は吉野の河土、国栖《くず》という村の人ヒキ蛙を煮て食、上味とす。今も関東の土民は食うという」とある。太平洋戦争中や戦後の食糧難の時代には捕って食べる人もいたが、食用蛙に近い味とのことだった。

蛙の薬用としての「薬喰い」は古くから行なわれてきている。『本朝食鑑』にはトノサマガエルとおぼしき蛙とアマガエルが載っているし、ヤマアカガエルについては『本草綱目啓蒙』や『日本山海各所図会』に図入りで載っている。

碓井益雄『蛙』（法政大学出版局、一九八九年）には、「奈良県吉野町国栖《くず》の……浄見原《きよみはら》神社では、旧暦一月十四日の例祭には、古代の名残りを留める国栖奏が奉納される。また神饌として、ウグイ、にごり酒、根ぜり、木の実と共に、毛瀰《もみ》（蛙）をそなえる」とあり、この地方では古から「蝦蟇《かえる》を煮てよき味となす」とし、天皇にも献上していた名残りであると述べている。

昔から食用とされてきたヤマアカガエル

伊賀の山中でヤマアカガエルを捕る図（『日本山海名所図会』から）

また大村清友『食用蛙』の中の「我が国の蛙食」の項には、「……我が国に於て古代より蛙を食用したることは明《あきらか》である。かくて上方地方にてはヒキ蛙をスッポン料理に代用する。骨は硬けれども肉との離れがよく、人によっては河豚《ふぐ》に軽き脂肪を加へたるが如き美味ありといひて殊更に珍重す。……トノサマ蛙、赤蛙、雨蛙皆食ふて美味を有し、邦人は古来特に赤蛙を賞味した。その味小鳥に似て美味を有す」とあり、蛙の肉の美味なことを述べている。

向山雅重『続山村小記』の「山の食べ物」は、食糧難時代の昭和十八年に書かれたものだが、カエルやイモリが盛んに食べられていた様子が載っているので、転用させてもらおう。

かえる

蛙も好物である。赤蛙（にほんあかがえる）が一ばんうまいとされ、皮をむき焼いてたべたり、煮て食べたりする。さる禰宜《ねぎ》がお日待によばれて行き、さて祝詞もすんでお神酒という時、見事な吸物が出た。何気なく蓋をとって見ると、椀の中には赤蛙が手脚をのばして二匹浮いている。「これは、これは……」と思わず口に出たまま、二度と蓋をとる気になれなかったと言う。

溝川にひそんでいる、いぼがえる（土がえる）もたべる。醤油で煮付けるが、やはり手脚の格好を見ると一寸手が出ない。

山へ行って出あうひきた（にほんひきがえる）は皮を剝いで焼いて食べる。皮を剝き、内臓《はらわた》を出して洗って焼く。醤油の付焼きがよく、味噌漬にして置くもよい。脂肪《あぶら》が強くなかなかうまいものである。近頃はどんびき（とのさまがえる）も食べる。小さい銛《もり》でついてとり、腰から下だけを鋏で切って持ちかえり、皮をむいて焼いてたべる。

いもり

春先など沼がかった水田などに赤い腹を見せていもりが遊んでいる。これを煮付にしてたべるにあぶらがあってうまい。醤油の付焼にする方法もあるが、煮付の方がよい。

国民学校二年生の教室の昼飯時。日頃か弱い一児童が弁当の蓋をとった所を思わず見ると、白い飯の上にいもりが匍った格好のまま二尾のせられていて赤い腹の色など殊に鮮かである。

「おお……いもりじゃないか。」「うん……。」「うまいか。」「こうばしくて、うまいぜ、先生。」

こんな会話ののち、やがて彼はそれを頭からぽりぽりとうまそうに食べはじめた。

サンショウウオ

体長一メートル余にもなるオオサンショウウオは、今は国の特別天然記念物に指定され、日本を代表する動物の一つとして大事にされている。が、かつては食用として盛んに捕獲されていた。

オオサンショウウオを名物としてかば焼きなどにして盛んに食べていたのは、岡山県真庭郡湯原町など旭川の上流地域で、湯原町は温泉町で観光客も多い。ここではハンザキ（オオサンショウウオの別名）と呼び、温泉街ではハンザキの浴衣を着、ハンザキ祭りを行ない、かつては名物ハンザキのかば焼きを温泉客に出すなど、盛んにオオサンショウウオを料理して食べていた。

小型サンショウウオのハコネサンショウウオは、全国各地の山間渓流域に生息し、精力剤として焼いて醤油をつけて食べるほか、幼生は子どもの疳《かん》の虫の薬として知られている。長野県の南部の遠山谷には、このサンショウウオがたくさんいて、土地の人は山菜のウワバミソウを採りに行ったついでにこの親子を捕ってきて、ウワバミソウと一緒に煎りまぜて食べている。ドジョウのような風味がしておいしいと言っている。また近くの三峰川谷では三センチくらいの幼生を捕らえて針金に刺していろりの火で乾燥させ、すり鉢で擦って香辛料としてお浸しなどにかけて食べているが、風味があってよいものだと言っている。

また、同じ長野県でも塩尻市の上小曽部地区では、昭和の初めまでハコネサンショウウオやヒダサンショウウオの卵を煮て食べていた。渓流から採集してきた卵袋は、全体を鍋に入れ、味噌か醤油で味つけして煮るが、食べるのは中の卵黄と液だけである。液は外袋の端を破り汁を吸う。卵黄は魚の卵のようであるが、魚の卵よりもニワトリの卵の黄味のようで、美味とのこと。

蛇

マムシやシマヘビは食べると精力がつき、万病に効くといわれ、山村の人たちは蛇の中でもこの二種は昔から「岡うなぎ」などと言って食べている。が、どちらかというと薬喰いの部類に属すだろう。

食べ方は、皮をむき、内臓を捨てて三〜五センチの長さに切り、これを串に刺して焼き、たれをつけて食べる。

日本人の蛇を食べる習慣は昔からあり、本山荻舟『飲食事典』にも、「わが国では古来山国の信州で海魚の縁がとぼしいため、山の珍味としてヘビを愛好し、サンマ飯ととなえてヘビ飯をたく話はかなり行き渡っているが……」とある。

㈣ 魚　類

魚類は、淡水魚、海魚を問わずすべて食用としてきているので、本項では特殊な種についてのみ記すにとどめる。

鮭（サケ）

古代から人びとに最も賞された魚で、長野県内を見ても、千曲川や犀川沿いの、サケの多く捕れた地籍に縄文時代の遺跡が多く見られる。また秋田県南部の子吉川の中流域にある矢島町大字七日町字羽根坂の竜源寺や、町の資料館などにはサケの絵を石に線彫し、サケの豊漁を祈ったと見られる「サケ石」がいくつか展示されているが、これらは近くの遺跡から発掘されたもので、当時サケがいかに人びとの生活の糧として重要な位置にあったかを教えてくれるものである。

昔から重要な食用魚とされてきたシロザケ

十世紀初めに編さんされた『延喜式』には貢租とし

てサケの上納の割り当てが各巻に載っている。それによると大量のサケを納めた国は、信濃、越後、越中の三か国である。北海道や東北地方もサケの量産地であったが、大和朝廷に遠く、まだ十分な貢進体制ができていなかったようだ。

また貢進鮭の内訳を見ると、楚割鮭《すわやり》が一番多く、そのほか頭の軟膏を干した氷頭《ひず》、背骨の所にある血の塊を塩辛にした背腸《せわた》、卵巣を塩漬けにした鮭子《すじこ》などがある。鈴木牧之『北越雪譜』（天保八年刊）にもサケの越後での名称や料理法各種が載っている。

楚割は魚肉を木の小枝のように割って乾かしたもので、主としてサケ、タイ、サメなどで作った。食べる時は小刀で細かく削ったり、そいで食べた。古代では高級な保存食だったが、中世になると庶民の間にも普及した。

北海道や東北では晩秋になるとサケ（シロザケ）が大量に川に海から溯上してき、味のよい魚なので「秋味《あきあじ》」と呼んでいる。アイヌの人たちはこれを大量に捕り、乾魚を作り貯蔵しておき、ほとんど一年中食糧とした。したがってサケの豊凶は彼らにとって死活問題だった。

産卵を終えたサケは死んで川を流れ下る。これを「ほっちゃれ」とか「猫またぎ」といって犬の餌にした。

本州の内陸部でもサケの溯上する地方では、打切、止め川、流し網、投網、金鍵、ヤスなどいろいろな方法でサケを捕って食用とした。どこにも好きな人がいて、稲刈りや脱穀を忘れて、朝から晩までサケやマス捕りをして、妻にしかられて頭の上がらない亭主がいた。

鰍（カジカ）

淡水魚のカジカは小魚だが味のよいことで知られている。京都から北陸地方ではゴリと呼び、ゴリ料理はこの地方の名物となっている。

早春に産卵するので冬から雪融けのころが漁期で、この時期のものが脂がのっていて美味。長野県明科町の犀川では一月中旬から二月末までが漁期で、捕ったものはカジカ酒、塩焼き、つけ焼きや煮付けにして食べる。北海道小樽市でも寒い冬はカジカ鍋が一番といい、家庭の味として知られている。料理法はジャガイモ、ニンジン、大根を煮て、その中へぶつ切りのカジカを加え味噌で味付けする。こくのあるシチュー状の味で、最後の一滴まで汁を吸って、鍋をこわしてしまうほどなので、道産子は「鍋壊し」と呼んでいる料理である。

新潟県の魚野川沿いの五〇キロにわたる南北魚沼郡地方もカジカ料理が盛んな所である。ここでは四月といってもまだ丈余の残雪が見られるが、雪融けで川が増水する三月〜五月がカジカの漁期で、一晩に四〇〇匹も捕る人がいる。捕ったカジカは塩焼き、白焼き、木の芽田楽のほか、焼いたカジカに熱かんを注いだ「カジカ酒」は珍味で、風味・香りがよく、祭りの屋台でも飲ませてくれるがいつも大賑わいである。

岩魚（イワナ）

読んで字のごとくで、山間渓流の岩間を棲処としている魚で、氷河時代の生き残り動物といわれ、中流以下の暖かい水では生きることのできない魚である。

昔から高級魚とされ、産後や病後の肥立ちの悪い人や虚弱体質の人には最高によいとされた。しかし、イワナは神経が細かく警戒心強く、よほどの渓流釣り専門の人でないと釣れない魚である。

ほとんどの河川の上流部やその支流に生息しているので、山村の人たちの中には好きな人がいて、農作業の合間を見て釣りや各種の網だとか毒流しなどの方法で捕り、食卓を賑わしていた。

また秘境といわれる黒部川の奥や上高地には、明治三十年代には遠山品右衛門とか上条嘉門次など、イワナ釣りと猟を専門とする人たちがいて、夏はイワナ釣りで生計をたてていた。結構買ってくれる人があった。

黒部川では太平洋戦争中は、イワナ釣りをする人もいなかったのでイワナが増え過ぎ、終戦当時は、「イワナ七分に水三分」などといわれ、朝、川で顔を洗うのにイワナを除けないと顔が洗えなかったとか、初めのうちは、ここで釣って焼いたイワナを上高地の旅館へ持って行っても、やせていてダメだと言って買ってもらえなかったた。三年たったらようやく肥えてきて普通の姿になったので、上高地の旅館でも買ってくれるようになった、と黒部の職業釣師曽根原文平は話してくれた。

捕れたイワナ．下の西洋皿と比べると大きさが分かる

鮫（サメ）

昭和三十六年、奈良平城宮跡から出土の木簡の中に、「御贄佐米《サメ》楚割六斤」ほかサメと読めるものが一六枚もあった。御贄は貢進物、佐米は海魚のサメで、このころすでに大型魚のサメを捕る技術が開発されその肉を楚割《すわやり》（細かく割って干すか塩漬けにして干したもの）にして食糧としていたことが分かる。

また『延喜式』にもサメ楚割とサメ鱐《ほじし》が載っている。鱐も肉を割って乾したものである。サメは昔から大量に捕れていたようで、矢野憲一『鮫』（法政大学出版局、一九七九年）を見ると、蒲鉾《かまぼこ》は室町中期に初めて開発された食品で、魚のすり身を竹の串にぬりつけて焼いたもので、ガマの穂に似ていたのでこの名前がついた由。桃山時代になると板蒲鉾が開発され、以前からのものは竹輪《ちくわ》と改名されたとのこと。いずれにしても両者の主原料は主としてサメの肉が昭和二十年ころまで使われていたとのことである。

なお、山陰地方から北九州や北陸地方の一部では今でもサメをワニと呼んでいる。また、古代の「佐米楚割」は今のサメのタレと呼ぶ干物と同じである。

(五) 昆虫類

蜜蜂（ニホンミツバチ）

ミツバチには、和蜂と洋蜂の二種類がある。洋蜂は明治のころ外国から入ってきた種で、花を追って巣を移動させる性質があり、巣から蜂蜜を抽出しやすいので、現在市販されている蜂蜜はほとんどがこの種から採ったものだ。

これに対して和蜂と呼ばれる在来種は、木の洞穴などに固定した巣を持ち、一年中ここにとどまって蜜を蓄える種で、栄養価の高い蜂蜜が採れることで昔から知られている。

蜂蜜を多く産出する国として、一六九五年刊の『本朝食鑑』には「紀州（和歌山県）熊野に出るものが最も多い。備中（岡山）、石州（島根）、肥州（熊本）、豊州（大分）のものがこれに次ぐ」とある。また、一七九八年刊の『日本山海名産図会』には、「およそ蜜をかもす所は諸国に皆有中にも、紀州熊野を第一

土の中から掘り出したクロスズメバチの巣

とす。芸州（広島県）是に次ぐ。その外勢州（三重県）、尾州（名古屋）、土州（高知県）、石州（島根県）、筑前（福岡県）、伊予（愛媛県）、丹波丹後（京都）、出雲（島根県）なども昔より出せり」とある。

西洋蜂が普及してきた昨今でも、昔ながらの方式で和蜂を飼育している所が今もあるし、山林内で樹洞に巣食っているニホンミツバチの巣を見つけてその木を伐り倒し、たくさんの蜂蜜を採ったなどの話をたまに聞くことがある。

長野県の上下伊那地方は和蜂を使った養蜂が今も盛んな所で、阿南高校が平成四（一九九二）年に行なった調査では、二二九軒八七〇群の飼育があり、伊那谷全体では一六〇〇群くらいの飼育があるだろうとし、国内最大級の飼育地帯だろうと見ている。

マルハナバチ

土中に竹の根節の塊のような巣を作るこの蜂は、盛んに花を訪ねて蜜を集める丸く肥った蜂だ。長野県の北アルプス山麓や、伊那谷では「へボ」または「べボ」と呼んで、子どもたちが、この蜂が土の中の穴へ入るのを見て巣を掘り出し、巣の中の蜜を採ってなめるが、蜜はそれほど大量に入ってはいない。この巣を集めて布袋へ入れてしぼったりもする。蜜は蜜蜂の蜜より甘さは強いが悪酔いすることが多い。

蜂の子

一般に食用蜂の子で知られているのは、クロスズメバチの幼虫である。しかしこの他にも人家などの軒下に、盆灯籠のような大きな巣を作るキイロスズメバチなどの大型の蜂の子を含め、蜂の子を食べる習俗は全国的にみられ、野中健一氏の調査によると、食べる習慣のないのは北海道、新潟、福島、宮城県だけだとのことである。

このような食習慣の中で、特によく食べるのは長野県の伊那谷の人たちで、本山荻舟『飲食事典』にも「わが国では信州、ことに南信の伊那、飯田地方人が好んで捕食する」とある。この地方の人は、スガレ（クロスズメバチ）、蜜蜂（ニホンミツバチ）、脚長（アシナガバチ科の蜂）、熊ん蜂（キイロスズメバチ）、徳利蜂（ヒメスズメバチ）、雀蜂（オオスズメバチ）、黄蜂（キボシアシナガバチ）など、ほとんどの蜂の子や親蜂まで食べる習慣がある。

島根県の奥出雲地方も、多種類の蜂の子を食べる所で、ここでは「へか料理」と呼ぶ、蜂の子を煎《い》って、これをネギ、ナス、大根と一緒にして煮て食べる料理法が主で、長野県のように煎って味付けしたり、甘露煮風にしたり、蜂の子飯などの料理にはしない。

蜂の子をよく食べる習俗の今も残る地方はこのほか、中部山岳の岐阜、愛知や滋賀県高島地方、京都市辺などで、ここでもいろいろな蜂の子を煎ったり煮つけるなどして食べている。

カミキリ虫類の幼虫

昭和三十年代までは、日本の農山村の農家のほとんどは、煮炊きや暖房用燃料は薪を使っていた。火もちのよい太い薪は、早春に奥山でまとめて伐採し玉切って（適当な長さの丸太に切って）積んでおき、晩秋

長野県では「ザザ虫」と呼ばれて食用にされる水棲昆虫の幼虫

に家まで運んで薪小屋に積み、必要に応じて薪割りで細かく割って用いた。が、その割る時によく材の中から蜂の子のようなカミキリ虫の幼虫が出てきて、子どもたちはこれを喜んで焼いて食べた。

カミキリ虫は数十種類あり、種類ごとに卵を産む植物が決まっていて、薪にするような広葉樹に卵を産むものの幼虫は一般に、テッポウ虫、トッコ虫、ゴトウ虫、ヤナギ虫などと言われているもので、その主なものは、シロスジカミキリ、ゴマダラカミキリ、キボシカミキリなどである。

カミキリ虫の幼虫はいずれも焼いて食べると香ばしく、子どもたちは薪を割る大人のそばへ行ってこの虫の出るのを待っていて、出ると拾い集めたものである。

水棲昆虫の幼虫

カワゲラ類、トビケラ類各種や、孫太郎虫と呼ばれるヘビトンボなどの水棲昆虫の幼虫を、冬の寒い時期に採って佃《つくだ》煮にして、酒のおつまみやご飯のおかずなどに珍重する習俗のあるのは、野中健一氏の調べによると、長野、埼玉、福島、山形、宮城、秋田の各県と北部九州の大分県とのことである。

上記のうち長野県で水棲昆虫類を盛んに採って食用としているのは天竜川沿いの人たちで、このほか北信の一部や中信地区の梓川や犀川沿いでも昔は食べた人がいる。天竜川ではこの虫採りを「ザザ虫採り」とか「ザザ虫踏み」と呼んで、この地方の冬の風物詩である。昔は採りたい人は誰でも採ることができたが、昨今は漁業組合法により、「虫踏み」と呼ぶ鑑札を持った人でないと採ることができなくなった。

ザザ虫踏みは小型の四つ手網を使うが、採れた虫は油炒《い》りにして醬油、砂糖で味付けをし、からからに煮つめると、歯ごたえのある香ばしい、長く保存のきく食品ができ上がる。構成種は七三％がヒゲナガカワトビケラ、一四％はシマトビケラ、一一％がヘビトンボとチャバネヒゲナガカワトビケラのそれぞれの幼虫であるという。

ザザ虫のような流れ川に棲む水棲昆虫でなく、池や水田など止水性の水に棲む昆虫で、人びとが昔から食べているものもある。

向山雅重の『続山村小記』には、昭和十八年ころの食糧難時代に長野県伊那谷地方で食べていたいろいろな山のものが載っているが、その中からこの地方で「とうくろ」と呼ぶゲンゴロウや、ガムシと「ねぎさま」と呼ぶミズカマキリについて転載させてもらうと、

沼や堤《つつみ》など何時も水の溜っているところへ、とうくろ釣に行く。竿の先へつけた綱へするめの小さく切ったのをつけて下げて置く。そして少したってそっと上げると、とうくろが五つも六つもするめへかじりついている。

これを背中の硬い翅だけとって煮付ける。食べる時には足もむしってたべる。又、翅をとったのを焼いて味噌をつけて食べてもうまい。とうくろに似ていて小型のこしょいむし（こおいむし）もその背の卵をとって生でたべたり、又、とうくろと一しょに煮付ることもある。

秋になって水田が乾いてくると、水田にいたのが、舞いたって沼や池へうつる。そんな頃がとうくろをとるに一番よい。月夜の晩にトタン屋根の反射を池の水面と誤ってとびおりる「とうくろ」の音が一晩中していることがある。コールタールを塗ったトタン屋根など殊にその反射が水面と同じ感じ

をだすらしい。屋根へあたって落ちるのを拾いあつめるなど、まさに木によって魚を求むるの語の如くである。

沼がかった所、池などにいるねぎさま（みずかまきり）というのも捕えて煮て食べる。子供は水浴びなどに行って捕えて、日向で少しおさえていると翅が乾いて来て紫がかった美しい翅をひろげて舞って行くのを喜ぶ。身が細長いのでむぎからむしともいう。その前の方の肢を交互に動かすところが、太鼓を叩くように見えるところから、たいこむし、たいこうち、たいこたたきといい、そのたたく姿が禰宜に似ているところからか、ねぎさま、ねぎどろ等ともよぶ。

イナゴを地獄炒りにした佃煮

今と比べてみると隔世の感がある。秋の夜、屋根に飛び降るゲンゴロウやガムシの音が一晩中していたなど、まったく夢のような話で、今はガムシやゲンゴロウはレッドデータブックに載る絶滅危惧種である。ゲンゴロウやガムシを食べる食習慣のある所はあまり多くなく、長野県のほか、岐阜、山梨、群馬、福島、山形、秋田、岩手、千葉の各県などである。

イナゴ、バッタ、ウマオイ、クサキリなど

イナゴ、バッタ、ウマオイ、クサキリなどの成虫を食べる食習慣は北海道を除いてほとんど全国的にみられる。

一般にイナゴと呼んで食用にしている昆虫は、コバネイナゴ、ハネナガイナゴで、稲刈りのころ木綿の

袋に採り集め、醤油と砂糖を煮立てた中へ入れて炒りつける「地獄炒り」にして食べる。

このほか、全国的ではないが、オオカマキリ、コカマキリやすいっちょんと呼ぶウマオイ類、それにあぶらぎすと呼ぶクサキリ、こもそと呼ぶオンブバッタやショウリョウバッタやその他のバッタ類からコオロギ類までも焼いて食べたが、昔の思い出である。

この辺までくると、昆虫食も〝いかもの食い〟の部類に属するような気がする。しかし食の研究家によると、限定された食品しか摂取しない人より、多くの食品をとる人の方が食文化が豊かで、雑食こそ人類の特性の由縁だと説明する人もいる。

さて話をまた元に戻して、かつて養蚕が盛んだったころは、全国いたる所で蚕を飼っていた。特に群馬県や長野県は養蚕王国で、最盛期には蚕娘を村外から雇って飼育している家もあった。そんな時、家の人が、どうもこのところ蚕が減っていくような気がすると思って気をつけて見ていると、その蚕娘が飼育中の蚕の幼虫を味噌汁へ入れて煮て食べているのだった、などという話が今に残っている。

蚕の蛹は〝絹の華〟などといって佃煮にして太平洋戦争後に市販されていたし、蚕蛾は羽をむしって鱗粉は水洗いしてとり、やはり佃煮にして家庭で食べたり、「大和煮」という名称で売っている所もあった。

セミ、トンボ類

夏に鳴くアブラゼミ、エゾゼミ、ヒグラシなどのセミは羽をむしり、アキアカネ、マユタテアカネ、ナツアカネ、ノシメトンボなどのトンボ類も頭と羽をとって焼いて食べた。子どもたちの中には生で食べる子もいて、頭と胴が一番おいしく、腹のところはすこしまずいと言っていた。

タニシ、カタツムリ類

一般に「つぶ」とか「たにし」と呼ばれている、水田に棲むマルタニシや、池や川に棲む大型のオオタニシは採ってきて清水で飼って泥をはかせてから、殻のまま味噌汁に入れたり、茹でて殻をつぶして身を取り出し、青菜と卵とじにしたり、酢味噌和えなどにして食べる。殻のまま汁にし、汁を吸うのを吸壺《すいつぼ》という。

長崎県の東北部では、三月桃の節句には昔からタニシを採ってきてお雛様に供え、自分も賞味するという習慣がある。

陸貝のヒダリマキマイマイ、ミスジマイマイ、コベソマイマイなどのカタツムリ類は、殻をひっくり返して殻口に塩をすこし乗せ、炭火で網焼きにして食べるとバイ貝のような味だ。

カ　ニ

水がしみ出している山麓の崖下だとか、山の小沢の石を起こすとサワガニがいる。サワガニは冬のものほど味がよいが、一年中食べられる。焼いたり生醤油で煮付けると、殻が赤くなってかりかりしておいしいものだ。

二　皮・毛皮の利用

㈠　衣

人類の衣類のはじまりは、体へ繊維や獣の毛皮を巻きつけることから始まり、次第に高度化していった。カモシカは氈鹿と書くが、氈は軟らかくて暖かな高級な敷物やそれを製する毛皮を呼ぶ言葉で、カモシカの冬の毛皮は軟らかく保温力のある綿毛で、雪がつかず水をはじき、水切れがよく、織物にしなくてもそのままで十分使える。そのことを知っている岳山猟師は、カモシカの毛皮で「袖なし」と呼ぶ短じゅばん風の衣類や、蓑《みの》がわりの「着皮」を作って愛用していた。袖なしは防雨・防寒・防風を兼ね、非常の場合の寝具にもなるもので、どこの岩陰でごろ寝しても寒さ知らずで露営でき、山の生活には不可欠なものだった。上高地の主、上条嘉門次や黒部の主、遠山品右衛門も自分でこれを作って着ていた。

シカ皮はカモシカの皮のような綿毛がなく、保温性はないが風を通さずに湿気を外に出す性質があるので、防寒用のチョッキやジャンバー、腰巻きによく、昔はなめして羽織、はかまをはじめ、足袋などにするほか、太刀の柄、鞘覆、脛当などさまざまな武具の材料として利用が多かった。しかし毛が途中で折れてしまう性質があるので敷物にはダメとされた。

綿毛のないサル、イノシシはほとんど利用価値がないとされてきたが、最近はサルの皮は軽くて軟らかいので、ベストによいと利用されるようになった。

ニッコウムササビは晩鳥と呼ばれ、冬の月夜の晩に猟師がよく撃ちに行った。ノウサギも平成の初めころまでは野山にたくさんいて、鉄砲で撃ったり針金のワナで捕ったりした。太平洋戦争のころは両種共に軍隊の防寒服用として需要があって売れたが、今はまったく見向きもされなくなってしまった。

アイヌの人たちはサケの皮で衣服や履物を作って使っていた。特に樺太アイヌの人たちは着物としてよく使った。着物を作るにはサケの皮の鱗を内側にして板に張り、三日くらい干して束ねてしまっておく。それを秋になってから筋子の乾かしたのを水につけて潰し、鱗のついている表皮にそれを塗って三日ほど陰干しにする。乾いたら二〜三枚ずつ巻いて縛り、凹のある丸太にのせて槌で叩き、柔らかくなったら切れなくなった小刀で鱗をこすり落とし、この皮を縫い合わせて着物にする。

子供物で三〇枚、大人物には五〇枚のサケ皮を必要とした。この着物は、地位のある男性の裾にはアザラシの皮、その婦人用には袖口や裾にカワウソの皮を付けて飾った。

(二) 履物

毛皮で作った履物というと、まず思い浮かぶのはカモシカの毛皮製の、岳山猟師が履いた沓である。岳山猟師とは二〇〇〇メートル以上の雪山で、クマやカモシカ猟をした猟師である。

沓は各地の猟師がそれぞれ自分用として作っていただけである。長野県南部の遠山谷方面では捕ったカモシカは四肢の膝より少し上から切り取り、後肢を裏に前肢を表にして横へマチを入れて作り、ぬるま湯につけて柔らかくして、遠火であぶって露を取ってから沓いたという。

この沓は富山方面では「ソッペ」といい、手皮（手袋）と共に猟師の大切な持物であった。しかしこの「ソッペ」は勝手に作ることはできない。年季を積み一人前の猟師となり親方にその技量が認められると、一頭のカモシカが与えられ、そのカモシカの四肢の皮でソッペと手袋一組を作ることを許されるのであっ

カモシカ毛皮製猟師履物
上右：そっぺ（富山県立山町芦峅寺風土記の丘資料館蔵）
下右：毛足袋（岩手県和賀郡沢内村碧祥寺博物館蔵）
下左：毛足袋（長野県北安曇郡白馬村）

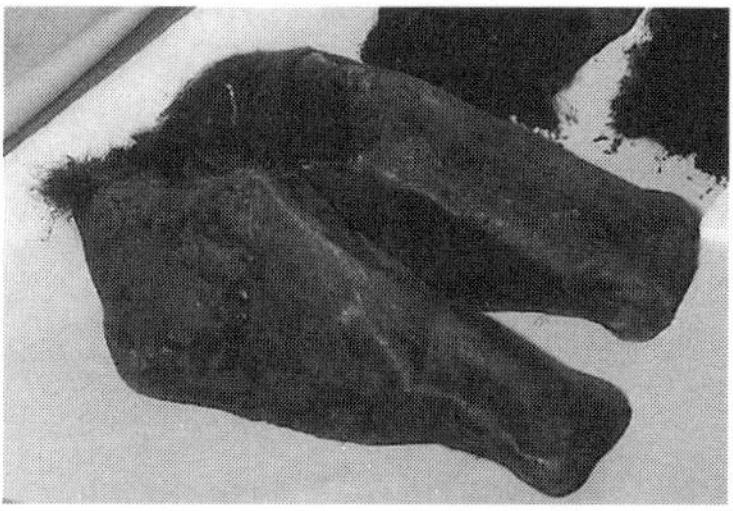

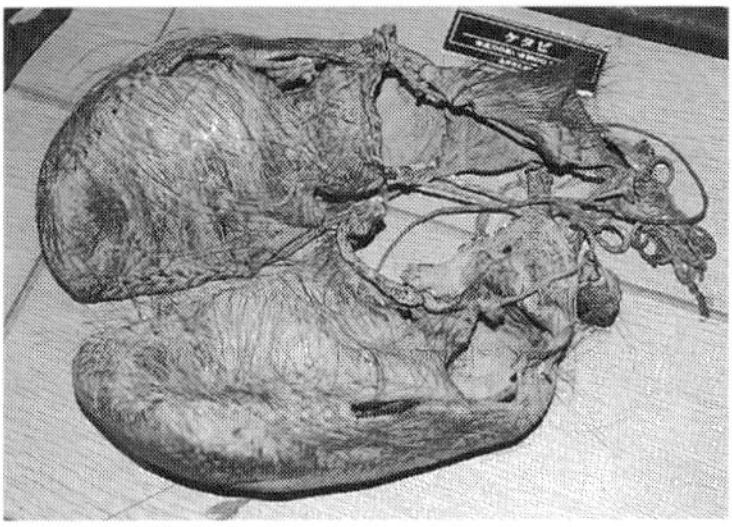

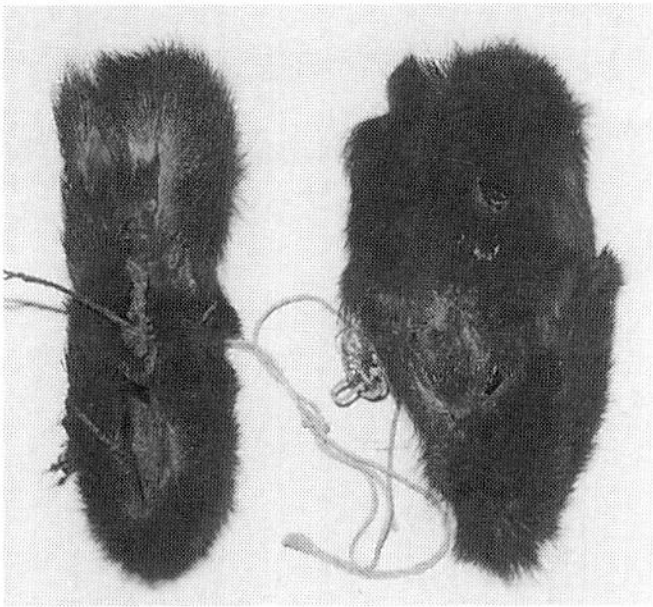

た。
沓は同じ北アルプスでも地方によって特徴があった。黒部の主、品右衛門が使用していたものは越中のものと少し異なっていたし、上高地の嘉門次や小林喜作らが使用したものは「つらぬぎ」（つらぬいともいう）といって甲掛足袋の上に下駄の端掛けのようにつけ、親指の股にあたる所に穴をあけ紐を通したものと、半長靴（編上靴）風に作ったものと両方使った。

山形県の朝日連峰の小国地方でも、昔は岳山猟が盛んで、カモシカの毛皮製の沓を猟師は作って履いていた。この沓は短靴形のもので、履く時はお湯に浸して柔らかくし、内に藁を叩いて柔らかくしたものを三通りくらい編んだ「たび足中」という足袋敷を入れて履いた。履き終わるとひっくり返して干しておいた（藤田俊雄談）。

イノシシの毛皮は剛毛のためほとんど利用不能の毛皮だが、以前福島県東白川郡の辺の猟師が猟の時に履く沓は猪皮製のものを履いていた。その沓は、

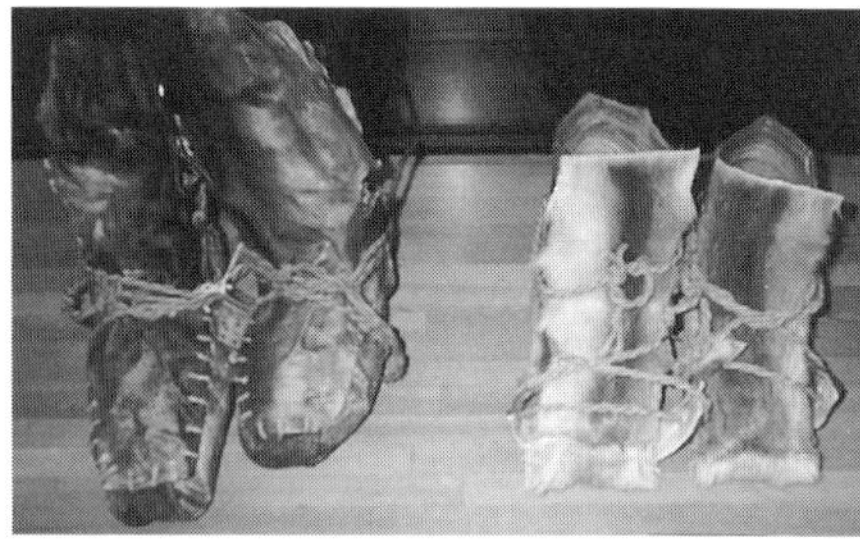

左はサケの皮，右はエゾシカの毛皮で作ったアイヌの履物
（北海道沙流郡平取町立二風谷アイヌ文化博物館蔵）

様式から見て古代服飾の綱抜《つなぬ》きに近いものだった（早川孝太郎）。また、福井県との県境に近い京都の美山町では、昔は「田靴」を作って履いたという。この靴は泥田に入っても泥がつかず仕事がしやすかったという。

また、イノシシの皮は背中にある剛毛（ミノ毛という）を、靴屋で底皮を縫う時に、その先が二つに別れているので、これへ糸をよりつけて糸通しに利用するくらいで、他に利用のないものだ。

松山義雄『続狩りの語部』（法政大学出版局、一九七七年）によると、長野県南部の三峰川谷の猟師の間では、鹿狩りで「とめ矢」の猟師には肢の「脛《すね》皮」を取得する権利が与えられていて、脛皮ではツラヌキと呼ぶ沓を手縫いで作った。この毛皮の沓は水の浸入を防ぎ保温性があり、冬山にはなくてはならない皮沓で、猟師たちの垂涎のものだった。履く時は中に「こうかけ」と呼ぶ、底をさしこで厚く刺した足袋を履いてから履いた。膝関節の部分を踵の部分にして作ってあるから、歩く時屈曲が自由で歩きやすいものだった。

この他、鹿皮はなめして足袋を作ったりもした。

アイヌの人たちは冬のサケの皮ではケリと呼ぶ靴を作って履いた。この皮で作った靴は薄くて冷たいので、履く時は中に枯草などの保温材を入れて履いた。

㈢ 装身具

カモシカが自由に捕れた昔は、岳山猟師は沓ばかりでなく、手袋、背負い袋、小物入れ、腰皮などいろいろな物をカモシカの毛皮で作って使っていた。

「手袋」は、野球のファーストミットのように、親指の入る所と他の四本の指が入る所の二つに分かれているだけのもので、「てぶ皮」と呼ばれ、左右は紛失を避けるため長い麻紐で結ばれていて、首に掛けるようになっていた。

「背負い袋」は杣が弁当や小物を入れて山に背負ってゆく物と同じ大きさのものをカモシカの毛皮で袋状に作ったもので、今のサブザックのようなものだ。北アルプスの信州側では「ししの背中当て」と言っていた。

テンの毛皮の襟巻

「小物入れ」は「ちぶくろ」と呼び、縦一八センチ、横二五センチくらいのふた付きで、腰に付けられるよう紐が付いていた。この袋の中にはおやつになる干飯や、カモシカを捕った時生肉に付けて食べる塩の包みなどを入れていたという。また黒部の主といわれた遠山品右衛門は好んでカモシカの毛皮を、蓑《みの》のように着ていた。

「腰皮」は小さな座布団状のもので、「尻皮」「尻当て」とも呼ばれ、登山家や山仕事をする人が昭和三十年ころまで愛用していた。当時は、ニッカーズボンにチロルハット、カモシカの毛皮製の尻皮を腰に下げている姿は、登山者にとってあこがれのスタイルであった。

捕ったツキノワグマの毛皮と猟師佐伯兼盛氏

鹿皮は近年はなめして印伝《いんでん》と呼ぶ財布や袋物、弓道の手袋、ハンドバッグなどに仕立てられている。が、昔は「鞍覆い」という、乗馬した際、鞍から足先までを雨・風・炎天から守るため覆うように掛ける装身具に作られたり、蹴鞠《けまり》や裘《かわごろも》を作る材料とした。

クマの毛皮は槍、弓、刀の鞘《さや》袋を作ったり、泥障《あおり》と呼ぶ、乗馬の際に脚部に泥が飛び付かないようにする馬具の一種を作るなどに利用した。

水の中をもぐって魚などの餌を捕えて生活しているカワウソ、ラッコ、オットセイ、セイウチ、アザラシなどの水棲獣は毛皮が特別優れているので襟巻・外とうの襟などとして高価で取り引きされ、乱獲されてカワウソは絶滅した。

キツネ、テン、イタチの毛皮も婦人の襟巻や手袋の装飾などに用いられ、高価で取り引きされている。ノウサギやリスの毛皮は太平洋戦争中は、満州の軍人用の防寒用手袋・耳覆いなどにするために出荷されていた。

㈣ 敷物

動物の毛皮の敷物としては、古くからカモシカとクマの毛皮が知られている。カモシカの毛皮は『日本釈名』に、「羚羊の皮毛深くして褥《しとね》にするよし」と載っている。カモシカとは毛氈（かも、もうせん）を織る際に、この動物の毛を混ぜて織ったところから「氈を織る鹿」→カモシカと言われるようになったほどで、その毛は最高級のものである。

北アルプスの槍ヶ岳への稜線伝いの道「喜作新道」を開いた小林喜作は、カモシカ捕りで生計をたてていた猟師であるが、カモシカの毛皮が高価で売れたという。カモシカの毛皮は綿毛が密で柔らかくて肌ざわりがよく、保温に優れ水をはじくなど多くの特性があり、これを敷物にしているとノミも寄りつかない。

このようにカモシカの毛皮は敷皮としては最高級の品とされ、『延喜式』には頻繁に「褥四条」とか「褥六条」などと載っているし、後醍醐天皇の年中行事の所には、「……御座の上ににくを敷く」とあり、夜の褥とされたり、天皇の御座にも敷物としていたことが分かる。

次にクマ（ツキノワグマ）の毛皮であるが、こちらも綿毛の多い点ではトップクラスで、保温性に富み、加えて黒光りのする毛は水をはじき、ノミを寄せつけない上、大きさも申し分ない大きさなので、敷物としては最高級とされている。

昔から岳山猟師といわれるモサ猟師たちが、命を賭《か》けてクマを捕ってきたのも、クマ一頭捕ると、その毛皮と胆を売った金で五人家族が一か月ゆっくり暮らせたからで、クマの毛皮はそれほど高価に売れた。

このようにクマの毛皮は高級な敷皮として知られ、『延喜式』にも貢物として、熊皮二〇張（出羽国）ほかが見られるし、江戸時代になっても、各藩で、組下へ熊皮の上納を求めた文書が各地に残っていて、古くから貴人や高級官僚が敷物として用いていた記録がある。

熊皮は春熊のものが最もよく、冬眠から覚めたものから六月までがよいが、夏から秋、クマが冬眠に入ったばかりのものは良くなく、値も春クマの六〇％くらいしかしない。

(五) 筆・刷毛材

筆は文字や絵をかく時に用いるもので、ほとんどは獣類の毛を使って作る。獣の種類によって、また同じ種類の獣でも筆毛として大変よい部分とほとんど使いものにならない部分があるという。

田淵実夫『筆』(法政大学出版局、一九七八年)によると、現在最も広く使用されている毛は馬毛、山羊(羊毛)で、これに次いでは豚毛、鹿毛、第三位に狸毛、牛尾毛、リス毛、イタチ毛、ムササビ毛だという。飼育獣は除き天然のものについて見ると、鹿の毛は全体に筆毛に適し、大変弾力性に富んでいる。しかし、惜しいことに集合力に乏しいといわれる。毛の中で最もよい毛は腭《がく》(歯ぐき)下、胸部、下腹部で、ここから採った毛は高級筆に用いられる。

狸毛も大部分のものが筆毛として使える。総体的に弾力性に富んでいて腰張りがあり、普通の筆材として広く使用されている。

イタチは水の中をもぐり魚を捕ることもできる動物なので、水切りのよい良質の毛を持っているが、毛が短いのが欠点で、筆材としては尾部の生毛しか使用できない。

イタチの毛によく似たのがテンの毛で、キツネの毛もほぼ似ている。

リスの毛は集合力に富んでいるが、弾力性に乏しく柔軟すぎるし、尾部の長毛を特殊な画筆に使うだけである。

ムササビの毛は尾の毛が弾力性に富んでいるので、剛毛と組んで筆材として用いられている。

毛筆と一口に言っても剛軟、長短、太細、それこそ数えきれないほどの種類があるが、そんな中で漆器に鳳凰《ほうおう》などの羽毛を描くのは一ミリに三本以上描く高度な技で、親方と呼ばれる熟練師の蒔絵師だけができるもので、極細の特殊な筆を必要とする。

この技術を保持するのは漆器で知られる石川県輪島の漆器屋の当主数人で、この極細の絵を描く筆には琵琶湖の端のヨシ原に住むクマネズミの背中の特殊な針毛だけを使って作った筆でないとダメなようだ。

そしてまたこの筆を作る技術は、京都の筆師の一軒の当主だけに、代々受け継がれてきているとのこと。ところがこの筆の唯一の材料である琵琶湖のクマネズミが、環境の悪化で絶滅に近い状況にあると、平成十五（二〇〇三）年一月のNHKのテレビで報道された。

筆の材料も時代と共に変わってきている。近世になると獣の毛からニワトリ、キジ、ツルなどの羽毛を用いるようになってきている。

筆は書いたり描くことに使うが、これとは別に刷毛と呼ぶ横幅の広い筆状の物がある。糊刷毛には鹿の毛が、糊の含みがよく喜ばれる。ちりめんを染める時に使う染刷毛にも鹿の毛がもっぱら使われている。

㈥　その他の利用

遊具や楽器への利用

シカの皮はなめして太鼓の張り皮、まりなどに用いる。三味線の胴皮には猫の皮が使われるし、沖縄の蛇皮線は胴皮に蛇の皮を張ったもの。

同じ弦楽器でも樺太のトンコリという五弦琴の糸は、サケの筋を叩いて細くしたものとイラクサの繊維を混ぜてより合わせて糸としたものだとのこと。

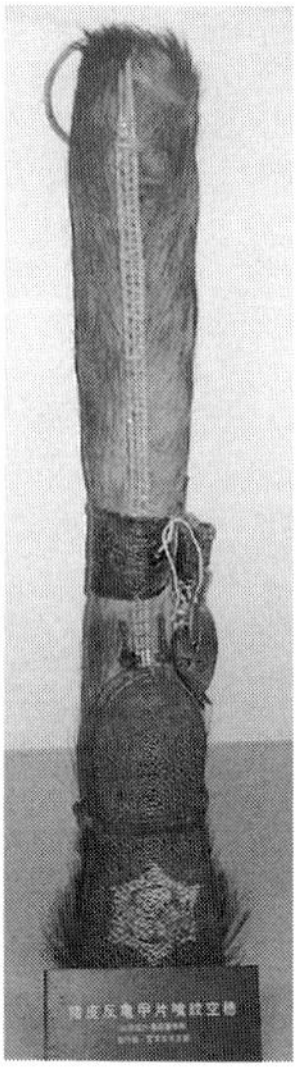

猪毛皮製の矢を入れる靫（秋田県角館町青柳家資料館蔵）

ふいごの皮

鍛冶屋の「ふいご」は、炭火やコークスの火力を強めるため、随時風を送り続ける装置である。『日本書紀』に「鹿皮を丸剝ぎにして作った」と出ているが、これは原始的な皮袋型のふいごで、この他にポンプ型、アコーデオン型があった。皮袋型のふいごの皮には鹿のほか、牛、馬の皮を縫い合わせて使った。

その後天秤ふいごや箱型ふいごが現われ、送風口から高圧多量の風を送ることができるように改良された。この送風口には摩擦に強く丈夫な毛皮が必要で、それに適したものとしてアナグマを最上とし、次いでタヌキの毛皮がよいとされた。

矢を入れる靫《うつぼ》に

サルの皮は綿毛がなくて長く、あまり用途のない毛皮だったようだ。能の狂言に「靫猿」というのがあるが、昔は矢を入れて腰や背中に負う用具に、ヒョウタンを長くしたような形の靫というものがあり、中の矢が雨に濡れないよう外側を毛皮でおおったが、これに猿の毛皮が主として用いられたようである。また一部ではイノシシの毛皮を用いたものもあった。

膠《にかわ》

膳や盆など木製の家具が壊れた時に、それを修理するのに用いる接着剤として、昔からあるものに膠がある。膠は獣類や魚類の皮や骨、腸などを水で煮たり口で嚙《か》んだりして作る。よく用いられる動物は、牛やサメなどである。アイヌの人たちは小型のサケの皮を口で根気よく嚙んでいると、次第に粘ってくるのでこれから膠を作った。

鮫皮の多面利用

サメの皮は主として膠材とするほか、矢野憲一『鮫』によると、古くから刀剣の柄《つか》の部分の装飾に使われている。正倉院蔵の「金銀鈿荘唐太刀《でんそうからたち》」の柄にも一廻りするように使ってある。またサメの皮は平安から江戸時代まで、宮中へ出入りする高官の「通行証」に用いられていたという。このほかサメ皮は、馬のあぶみや鞍、弓道の手袋、風邪薬の犀角を削る時に使うサメやすり、ワサビの「おろし金」など、いろいろの面で多目的に使われている。

三　羽根の利用

寝具への利用

軽いもののたとえとしてよく「羽毛の如く」と言われるように、鳥の羽は非常に軽い。カモ類など水鳥の場合はさらに水分をはじいて湿気を寄せつけず保温性が高いので、布団や寝袋の中に入れると、軽くて暖かく、湿気を呼ばないので最高である。そんなところから海鳥のアホウドリは乱獲されて絶滅寸前にまで減ってしまった。

飾り物として

羽を飾り物に使う鳥は羽の色が美しい鳥で、まず朱鷺（トキ）が挙げられる。トキの羽が飾りとして使われているその最たるものは、伊勢神宮で二十年に一度行なわれる「遷宮《せんぐう》」のたびに新調される、宝刀の「須賀利御太刀《すがりおんたち》」の柄の部分に使われる二枚のトキの羽である。伊勢神宮は伝統と格式を重んじることで知られた皇室関係最高のお宮である。

この須賀利太刀は中国系の直刀で鞘《さや》の装飾がすばらしく、金色の装飾金具に水晶、琥珀《こはく》、瑠璃《るり》、瑪瑙《めのう》などの宝石を豪華にちりばめたもので、柄《つか》の部分にトキの羽二枚を内側にして緋《ひ》色の糸でくってある。

トキの羽はこのほか婦人の帽子飾りにしたり、羽箒《ほうき》などのお茶の道具や、弓の用具を売っている店で、飾看板にトキの羽を店先に飾っている店が明治の中ごろまであったという。

ヤマドリの羽も尾羽の節模様が美しく、一二節あるものは魔除けになるといわれ、神棚や床の間に広げて飾っている人がある。

尾羽の節模様ばかりでなく、全体の姿形が立派で美しいものにタカがある。なかでもクマタカ、オオタカ、ハチクマ、ハイタカなどは威厳がある中にも羽の模様が美しく、昔から床飾りにしている。

矢羽・遊具への利用

戦国時代はもちろん、平和な時代でも弓矢の練習は盛んで、今日に至っている。矢の需要にともない、矢羽用の羽の消費も多く、いろいろな鳥の羽が用いられている。

矢羽には、トキの羽は美しい色の矢羽として高級高価なもので、特別な需要があったようだが、矢羽としては一般的にはワシ類が最高で、ワシの羽は真羽または真鳥羽と言った。これに次いではタカ類の羽が高級品で、第三位にはツル、キジ、ヤマドリなどの羽が用いられ、これ以外の鶏などの羽は雑羽と呼んだ。

矢羽に最高といわれるワシ・タカ類の羽でも、どこの羽でもよいかというとそうではなく、尾羽がよく、一二枚ある尾羽の中でも俗に「あまぶた」と呼ぶ一対の羽が最も矢羽に適していて、この羽をはいで作った矢は風の切り具合がよいため、的に正確に当たるといわれ、名人は好んでこの矢羽を使うといわれている。

またヤマドリは古来からよく邪気を追い払うと言われ、矢羽にして邪鬼を射るといって用いられてきている。

明治の中ごろでもトキの姿はまだ市中で見かけることができたようだ。柳田国男は明治二十五（一八九二）年、東京下谷の御徒町《おかちまち》に住んでいたが、そのころ道を隔てた向かい側に、弓を作って売る店があり、その軒先に看板がわりに一羽のトキがぶら下がっていた。トキの羽は矢羽として人気があったからだった（中西悟堂『野鳥日記』巻三）。

漁具やその他への利用

大正時代の初めまでは、トキの羽はアユ釣りや、カツオ釣りの毛針に用いられていた。キジやクジャクの首の毛も美しいので、毛針釣りの疑似餌作りに使われていた。

この他いろいろな鳥の羽は、製図用や仏壇、車のほこり払い用の刷毛に作られたり、養蚕の掃き立て用の羽箒にするなど、広く各方面に用いられてきている。

四　薬への利用

(一)『延喜式』に見る古代薬用動物

『延喜式』巻三十七には「諸国進年雑薬」という項目があって、当時、中央で使った薬の原料を、その代表的産出国に割り当てて貢進させた国別明細が載っている。その中からここでは動物関係のものだけ拾い出してみると、

鹿角　摂津国四具、丹波国一具、播磨国一具、備中国二具、讃岐国五具、美作国一具、計十四具（鹿角はニホンジカの角で、一具は左右の角一対のこと）

鹿茸《ろくじょう》　美濃国七具、信濃国十具、讃岐国五具、播磨国一具、計二十三具（鹿茸は袋角のことで、鹿の角が生え替る時は、最初はすりこぎ状のものが生え、次第に立派になってゆく。一具は左右一対のこと）

羚羊角《れいようかく》　駿河国四具、飛驒国三十具、出羽国四十具、越中国四具、越後国三十具、計百八具（羚羊角はカモシカの角）

熊胆《ゆうたん》　美濃国四具、信濃国九具、越中国四具、計十七具（熊胆はツキノワグマの胆のうのこと）

熊掌　美濃国二具（熊掌はツキノワグマの手のこと）

猪脂　陸奥国二斗（猪脂はイノシシの脂肪のこと）

猪蹄《いのつめ》　相模国一具、美濃国十具、飛驒国二具、上野国四具、備中国二具、備後国五具、計二十四具

（猪蹄はイノシシの蹄《ひづめ》のこと）
獺肝《をそのきも》　下総国二具、美濃国三具、越中国二具、備中国三具、備後国三具、計十三具（獺肝はカワウソの胆のうのこと）
蛇の脱衣　伊賀国一両、近江国一両、丹後国二両、美濃国一両、丹波国五両、計十両（蛇の脱衣は蛇のぬけがらのこと、一両は一二メートル一二センチ）
亀甲　山城国一枚、摂津国四枚、計五枚
牡蠣《かき》　伊勢国一斗九升
海蛤《はまぐり》　尾張国一斗
蜂房　摂津国七両、伊勢国一斤、計一斤七両（蜂房はハチの巣、一斤は一六両＝一六〇匁）

次に前記の薬剤がどのような薬効があり、どんな治療に用いられたかをみてみよう。

「鹿角」の薬効については、『日本医薬動物』に「脱肛、せき、強壮、強精剤に用う」とある。長野県の遠山谷地方は鹿の多い所で、今でも疲労回復、強精剤として、この角を煎じて飲んでいる。

「鹿茸《ろくじょう》」は新しく出始めた袋状の角で、「遺尿症、淋疾や突き目などに粉末として服用する」ほか、「強壮、強精、鎮痛、インポテンツ、耳鳴り、自律神経失調症、低血圧症、更年期障害などにもよい」とされている。長野県の伊那谷地方では、二〇センチくらいに伸びたこの角を乾燥させておき、解熱剤として削って煎じて飲ませている。

「羚羊角」は削って粉末にして飲むと、「解熱、痛み止め、

薬用として貴重なカモシカの角「羚羊角」

通経、気管支カタルに効があり、緑内障に効く他強壮や血圧降下作用」があることで知られている。長野県の遠山地方では今でも犀角の代わりに粉末にしてはしかに飲ませている。

「熊胆」は昔から万病に効く薬として知られ、この胆一匁と金一匁と同価で取り引きされてきている良薬。詳しくは次の民間薬のところで述べる。

「熊掌」は、秋田マタギの仲間では「強壮剤」として用いられている。掌骨は一般に脚気の薬や解熱剤として、粉末にして用いられた。

「猪脂」は皮膚の乾燥や「あかぎれ」の薬として直接皮膚に塗るほか、煮て乳の出の悪い婦人に食べさせると、乳の出が良くなる。またこれを用いて作った「猪膏」と呼ぶ膏薬は、今のメンソレータムか中国の竜虎清涼油のような効能を持った薬ではなかったかと思う。

シマヘビの脱衣

「猪膏」については『延喜式』「典薬寮」の「元日御薬」の項に「猪膏十斤」、「臘月御薬」の項に「猪膏一斤十両三分」、「雑給料」の項に「猪膏五斤」などが載っているが、膏の製法や薬効、使用法については記載されていない。「猪蹄」についても同様である。

「獺肝」はカワウソの肝《きも》で、胆のうのこと。『日本医薬動物』によると、「肺病に特効があり、通経や黄疸、せき止めにもよい」とある。

「蛇の脱衣」は『日本医薬動物』によると、「鎮静、解熱、小児の疳の薬として内服させる」ほか、粉末として飲むと、「肺病、肋膜炎、腎臓炎、黄胆、強壮剤によい」とある。

「亀甲」は『和漢薬百科図鑑』によると、「肝、腎を益し、熱を除く」とあり、「解熱、強壮、駆瘀血薬として肺結核、マラリア等の発熱、閉経時の腹痛、腰痛などに効がある」とある。

「牡蠣」は、「胃酸過多症、のどの乾きを止め、鎮静薬としても効があり精神安定剤としてもよい」とされている。

「海蛤」は、焼いたり煮たりして食べると、「健康に良く、肺をうるおし胃を開き、のどの乾きを止め、老化を遅くする」効があるとされている。

以上、古代に薬剤とされた動物を見てきたが、これらは中国の李時珍の『本草綱目』の教えにもとづくもので、今でも熊胆、鹿角、鹿茸は民間薬として用いられているが、その他のものはわが国ではほとんどが忘れ去られてしまった感がある。

(二) 民間薬と動物

民間で、われわれの祖先が経験に基づいて、ずっと昔から今日まで連綿と病気や怪我などの治療に用い、伝えてきた薬が民間薬である。漢方薬と異なり、調合することなく単品で用いるもので、植物が主だが、動物もすこしはある。

昔は医者が少なく、治療費が高く、今のような保険制度もなかったから、経済的な理由や地理的な理由から、自宅で民間薬を使って治療する者がほとんどで、民間薬の全盛時代だった。

保険制度が進み、医療施設が充実した今日でも、ある種の民間薬は民衆の間にその効能が信じられ、根強く残っている状況にある。

ここには「信濃生薬研究会」が、昭和晩年に長野県内で行なった民間薬に関する調査と、筆者が五〇年にわたり体験したり、聞き取り調査をしてきた資料にもとづき、民間薬への動物の利用状況について述べたい。

(1) 哺乳類

ツキノワグマ

胆のうの薬効は最も有名で、切り傷、打身、火傷、歯痛、腫れものに患部へつけるほか、乾燥させたものを食あたり、胃腸病、下痢止め、二日酔、解熱、食欲不振、眼病、肺結核、高血圧、神経痛などの薬として飲む。脳の黒焼きは神経痛、頭痛、ノイローゼの薬。脂は切り傷、火傷、あかぎれ、痔、中耳炎の妙薬。骨は粉にして血圧、精力増強剤や膏薬、湿布薬として傷や神経痛に用いる。肝臓は心臓や結核、肝臓の薬。冬眠から覚めた最初の糞は子どもの疳の薬。生血は生で飲むほか粉末にして貧血症、強壮剤に飲む。舌は乾燥させ粉末にして熱さましや傷薬とする。

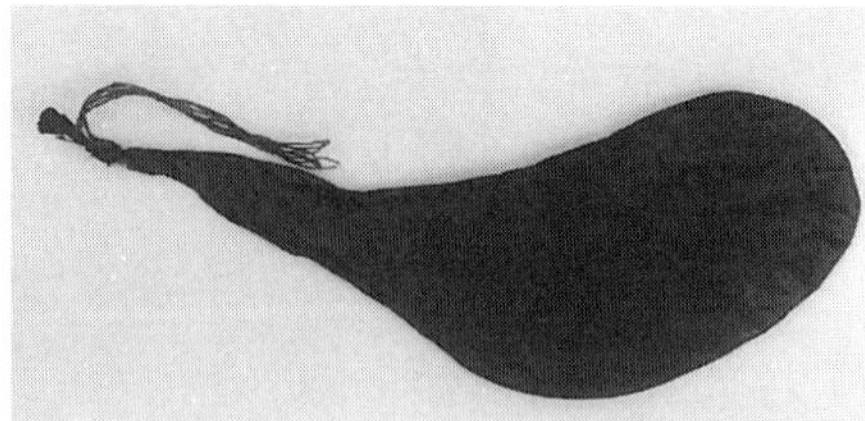

ツキノワグマの胆のう．形も大きさもナスのようで，万病に効くとされている

カモシカ

角は削って煎じ、犀角の代用として解熱、腹痛に。足の爪は神経痛に。膵臓はニゲと言って馬の病気の特効薬。肉は食べると体が暖まり、子どもの寝小便には特効あり。小腸の干したものは腹痛薬。

ニホンザル

秋田マタギの薬の行商人や、九州の日向米良、椎葉、肥後五箇山などの人の中にはクマやサルの胆などを行商する人がいて、民間ではこれを買って薬とする人が結構いた。頭は頭痛や婦人の血の道、白血病に煎じたり黒焼きにして飲む。胆のうはクマに次いで薬効があり、細かく切って水溶液を作って塗ると、突き目、ただれ目、やに目にはびっくりするほど効く。胆の黒焼きは腹痛、難産、流産の時に服用すると効果大。腹子をかめに入れて黒焼きにしたものは婦人の血の道の特効薬。脳の黒焼きも婦人の血の道、頭痛や神経痛の薬。肉は体が暖まり貧血症によい。睾丸《こうがん》はぜん息の妙薬で、煮たり味噌漬けにしておいて食べた。頭の黒焼きもぜん息に効いた。生血は長野県の秋山郷では産後の肥立ちの悪い婦人に飲ませた。

ニホンジカ

肉は干したり味噌漬けにして下痢止めの薬に。角は産後の血の道の薬、解熱薬として削って飲む。胎児はサゴといって黒焼きは婦人の血の道の妙薬、産後の肥立ちの悪い人の特効薬。袋角を切り取って干したものが鹿茸で、解熱剤。雄の性器を干したものを針筆といい、刻んで土鍋で煮ると、どろどろしたニカワ質となり、盃一杯飲んだだけで朝鮮人参と同様の元気が出る回春剤。

ホンドキツネ

脂肪で膏薬を作り瘡腫の薬とするほか、肝を採って烏犀円を作り、気絶した人の口に含ませ、気つけ薬とした。烏犀円は加賀藩の秘薬として知られる薬。

イノシシ

頭蓋骨は保存しておき、削って打身の湿布に使うほか、暑気あたりに粉にして飲む。胆のうは万病に効くといい、陰干しにしておきすこしずつ削って胃けいれんの特効薬として飲むほか、各種の病気の時飲んだりする。胆一個は一頭分の肉の値より高い。

カワウソ

肝＝胆のうで、漢方でタカン（獺肝）といい、肺結核、女子の通経、解熱、せき止め、たん切りの薬。

タヌキ

胆のうを乾燥させて保存しておき、胃けいれん、疳の虫、下痢止めなどに、米粒大くらいを飲む。

イタチ

全体を黒焼きにするか頭をかめに入れて蒸し焼きにして保存しておき、高血圧、婦人病、赤痢、下痢止めや神経痛、リウマチの鎮痛剤として飲む。

テン

頭を黒焼きか、かめに入れて蒸し焼きにしておき、頭痛止め、下痢止め剤として飲む。

リス

黒焼きにしておき、とげの吸い出しに用いるほか、婦人の血の道に飲む。肉を食べると子どもの寝小便に効く。胆のうは干しておいて子どものひきつけの時煎じて飲ませる。

ニッコウムササビ

脳を煎じて飲むと頭がよくなるといわれている。

ウサギ

胆のうを乾燥させておき、はしかの時湯で飲む。

モグラ

全体を缶に入れ黒焼きにしたものをせき止めや夜尿症に飲ませる。

(2) 鳥　類

ツル

記録によると盛岡藩では、ツルを生け捕りにし、将軍家へ献上し、残ったものは屋敷内で飼っておき、妻子が血の道で患う者があると、届出により鶴の生き血を与えたとある（一七四三年）。それほどツルの生き血は薬効があった。

トキ

山階芳麿監修『トキ』によると、山形県ではトキはヒステリーの薬とされ、大阪府では、肉は痔や血の道の薬とされた、とある。筆者が父から聞いた話でも、「ドウ（トキ）の黒焼きはサルの産仔と共に産後の婦人の血のオコった（体じゅうの血液が頭にのぼり、頭が痛かったり重くなる病い）時にこれほど効くものはなく、大正の初めに叔母がこの病で困って、糸魚川からこの黒焼きを買ってきて飲ませたら間もなく治った」とのことだった。

秋田県では産婦にトキの肉を薬として食べさせた。トキの肉はけっしておいしいものではなく、産後の婦人の血の道、冷え症の人には最高の良薬として知る人ぞ知る薬だった。

タカ

目玉は黄疸の薬。眼病の薬。やかんに水を入れて火にかけ、目玉は糸に吊っておくと、水が煮え立つとその湯気がかかって目玉から黄色い滴が落ちる。これを飲ませるのだ。爪は解熱に煎じて飲む。

キジ

肉は腹中を温め、気を益し、下痢を止める効がある。

キツツキ

舌の部分は虫歯の特効薬で、肉も虫歯や痔の薬といわれている。

カワセミ
缶に入れてむし焼きにした粉は強精剤、心臓の薬といわれている。

ミソサザイ
長野県の秋山郷や松本辺ではカワスズメと呼び、子どもの夜尿症にこの肉を焼いて食べさせる。

ウグイス
卵を和紙に包みつぶして乾燥させて保存しておき、突き目の時や雪目の時に水にとかし、脱脂綿で目に付ける。ものもらいやはやり目の時にも同じように用いられた。

カケス
ぜんそくに黒焼きにして食べる。

カラス
ぜんそくに黒焼きにして服用したり、肉を食べる。

モ　ズ
ぜんそくに黒焼きにして服用する。

子どもの疳の薬や強精剤として利用が多いハコネサンショウウオの幼生

(3) 両生・爬虫類

ヒキガエル

胆のうは腹痛や疳の虫に効く。黒焼きにして子どもの疳の薬として飲ませる。耳腺や皮膚から分泌する乳白色の液からは、蟾酥《せんそ》という心臓の働きを強める漢方薬をこれから製するし、日本の「陣中膏」という切り傷の薬もこれから製したもの。

ヤマアカガエル

焼いたり黒焼きにして夜尿症や疳の虫の薬として飲ませる。『日本山海名産図会』にも、「山城、嵯峨又は丹波、播州の山より多く出す……これを捕るには小さき網にて捕り……はらわたを抜き乾物として出す。……中国のものとは異なる」とあり、薬としていたことが分かる。

アマガエル

ぜんそくや肺炎の薬として生《なま》のまま飲むか焼いて食べさせる。

ハコネサンショウウオ

子どもの疳の薬または夜尿症の薬として大正の中ごろまでよく売れ、各地の沢でこれを捕って商売にしている人がいた。福島県の檜枝岐村《ひのえまた》ではこれを採るため沢ごとに権利が設定されていた。薬には黒焼きにして飲んだり、幼生は生で飲んだりした。自家用には幼生を採ってきて障子に張りつけて乾かし、黒焼きにして飲ませた。

イモリ

男女のほれ薬として全国的に用いられるほか、湿疹にも黒焼きにして飲む。長野県内の南北安曇や松本地方では、小児の疳の虫の薬として同じく黒焼きにして飲ませる。

スッポン

精力剤、心臓病、肺結核の薬として生き血を飲ませるのは広い地域で行なわれている。スッポン料理として煮て食べさせる法をとる地方もある。

民間薬として今も使われている
マムシ酒

マムシ

胆のうを強壮、強精、肺結核、胃弱の薬として生で丸ごと飲む。あるいは、骨付きの肉を焼いて食べる。卵や子も同じ目的で煮て食べる。生きたものをマムシ酒にし、打身、はれ物、痛み止め、肩こり、熱とりに患部へ塗布する。胆のうは乾燥させて保存しておき、眼病、疳の虫、産後の肥立ちに湯にとかして飲む。突き目には水に溶してガーゼで目につける。

皮は焼酎漬けにしておき、打身、神経痛に貼る。または干して保存しておき、歯痛のときに酢でといて患部へ貼る。

シマヘビ、アオダイショウ

胆のうを生で飲むと、強壮、強精、肺結核、虚弱体質改善、胃弱に効果大。骨付きの肉を焼いて食べても同じ効果あり。缶に入れて黒焼きにして、肋膜炎、肺結核、リューマチ、心臓病、胃痛、解熱や回虫駆除に飲む。ぬけがらは、いぼとりにこれで洗ったり、なでたりする。

(4) 魚　類

ドジョウ

夏に煮て食べると汗が目に入らなくなり、腹中を温めて気を益し、腎を補い血を調えるという。長野県の木曽開田村では、ウルシかぶれやできものに、ドジョウをすりつぶして患部につける療法がある。

サ　ケ

アイヌの人たちは小型のサケの鱗をとり除いた皮を、口で根気よく嚙んで柔らかくべろべろにし、これを木で擦って糊状にしてニカワを作り、手や足のあかぎれに塗った。

サ　メ

サメ皮のサメやすりは薬にするのではなく、風邪の熱さましなどに服用する「犀角」や「一角」などの薬剤を細かく擦りおろすのに用いられた。長野県の南安曇地方では、肝臓病にサメの胆を用いている。また肝油は古くから夜盲症や虫下しの薬とし用いられている。

イワナ、アメノウオ

両者共に病後や産後の肥立ちの悪い人に、滋養や体力回復にとてもよい栄養食と昔から言われ、煮付けて食べさせる。また、耳だれに焼いた時に出る油をつける。

コ　イ

鯉の胆も哺乳類やヘビの胆のように民間薬として用いられている。胃病、腹痛、強壮、心臓病、肺炎、解熱にコイの生胆や生き血を飲むのは広い地域で行なわれている。

ヤツメウナギ

鳥目、疲れ目、小児の疳、病後の衰弱の回復に煮食すると効果大と言われている。

(5) 昆虫類

昔から子どもの疳《かん》は、発作が重いとひきつけを起こし呼吸が止まることもある病気で、多くの子どもがかんしゃく持ちで、時々発作を起こした。したがってこの病の薬にはいろいろな民間薬が知られ、用いられてきた。その主なものは昆虫だった。

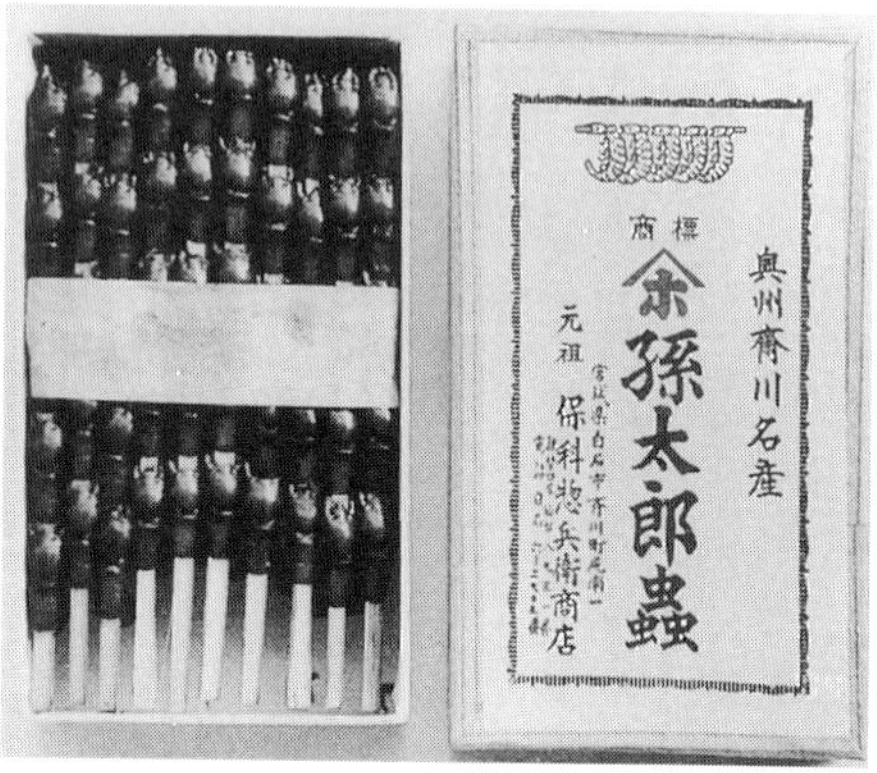

子どもの疳の特効薬として知られるヘビトンボの幼虫（上）と奥州斉川名産「孫太郎虫」（下）

ヘビトンボの幼虫（孫太郎虫）

疳の薬としてよく知られ、全国的に有名。太平洋戦争のころまで「奥州斉川《さいがわ》名産孫太郎虫」と書いた旗を薬箱に立てた行商人が、各地を回ってこの薬を売り歩いていた。

水棲昆虫の一種で、本拠地の斉川は、宮城県白石市の郊外にある旧奥州街道沿いの集落。ここにはこの虫の名前の由来について次のような二つの言い伝えがある。

①孫太郎という名前の子どもがこの虫を食べて強く育ち、やがて親の仇を討った。②昔、孫右衛門という老人がこの虫を食べて、孫のような子どもを作った。

小児の疳には一串ずつ砂糖醤油につけて焼いて食べさせるか、黒焼きにして粉末を呑ませる。小児だけでなく、肺結核や十二指腸虫疾患にも効くといわれている。

カミキリ虫類の幼虫

ルリボシカミキリ、ヨツスジトラカミキリ、キボシカミキリ、シロスジカミキリ、ゴマダラカミキリなどのカミキリ虫の幼虫は、とっこ虫、鉄砲虫、柳虫などと呼ばれ、ヤナギ、ナラ、クヌギなどの広葉樹を薪に伐って積んでおいた丸太材の中で育ち、薪に使う時にまさかりで細かく割ると現われて、子どもたちにタンパク質の補給や疳《かん》の薬として焼いたり炒ったりして食べさせた。疳のほか、風邪、百日咳、中風の薬ともいわれて用いられてきた。

ガの幼虫

カミキリ虫類の幼虫は脚がなくずん胴だが、ガの幼虫は脚がある点が異なる。しかし、どちらも小児の疳の薬として知られている。主なものに、コウモリガの幼虫(クサギの虫、トーの虫)、ブドウスカシバの幼虫(ブドー虫、エビズル虫)、イボタガの幼虫、(イボタ虫)、ゴマフボクトウガの幼虫(ゴトウ虫)、ミノガの幼虫(ミノ虫)、スズメガの幼虫などで、それぞれ種類ごとに、好んで棲みつく植物が決まっている。コウモリガはクサギ、キリ、ホップ、ブドウなど。ブドウスカシバでは、ブドウ、ヤマブドウ、エビズル、ノブドウなど。イボタガでは、イボタノキ、モクセイ、ネズミモチ、トネリコなどモクセイ科の植物。ボクトウガでは、ヤナギ類のほかいろいろな木の幹を食害する。ミノガはサクラ、ウメ、モモなどの葉を食害し、スズメガでは、ジャガイモ、ナスなどの野菜の葉から、庭に栽培するいろいろな草花の葉を食害する。疳の薬としてのほか強壮剤、解熱剤、胃弱の薬などとしても用いられてきた。利用法はいずれも醤油の付け焼き、味噌焼き、炒りつけるなどして食べる。

以上のほか、小児の疳の薬を中心に薬用昆虫を見ると、

ハナアブ

ハナアブは花から花をたずねて飛び歩いているが、人間の便槽に産卵する。幼虫は尾が細くて長い「オ

小児の疳やリューマチの薬として用いられているカマキリ

ナガウジ」と呼ばれるもの。今は下水道や水洗式トイレが普及して見られなくなったが、太平洋戦争以前は便槽も開放的で、昆虫も自由に出入りでき、屎尿《しにょう》を汲み取って田畑の肥料にしていた時代だから、このウジがうごめいているのや、便槽の壁を這い昇って、地面に出て蛹になっているものを時々見ることができた。漢方ではこの幼虫を「五穀虫」といい、五穀を食する人間の便池に発生するとし、別名を糞蛆《ふんそ》と呼んだ。蛆はウジのことである。『昆虫本草』には、小児の疳薬にはこの虫の黒焼きを、通経には煎服するとよい、解熱には蛹の脱け殻を粉末にして、糊と練って足の裏に貼るとよい、とある。

ハエ

ハエの幼虫も蛆《うじ》といわれ、イエバエ、ニクバエ、クロバエ、キンバエなどたくさんの種類がある。いずれも小児の疳の薬とするほか、赤目、解熱や消化剤としても効果があるとされている。また成虫は、釘などの踏み抜きやムカデに咬まれた時に、ハエの頭を飯粒に混ぜそくいとし、患部に貼るとよいとか、突き目にはハエの頭と飯粒を混ぜ、乳を合わせた汁を目にさすとよいなどと言われている。

ケラ

ケラの幼虫は、畑を耕した時や水田の畦を塗るために、前年の塗り畦を削った時によく土の中から這い出してくるのを見る。この虫も小児の疳の薬、解熱、胃病、淋病の薬として全国的に焼いたり炒ったりして食べている。また利尿、水腫、腎臓病にも効があるとされている。

カマキリ

カマキリは成虫が小児の疳や大人のリューマチの薬として、乾燥して焼いたものが用いられてきた。また小児のよだれ止めに、成虫・卵塊共に焼いて飲ませたり、刺のささった時には、成虫や卵塊の黒焼きを唾液と練って患部に塗付した。長野県下では卵塊を疳の薬として小児にかじらせる所もあった。

マタタビミタマバエ

マタタビミタマバエがついて、果実がちりめんカボチャ状に変形したマタタビの実を、熱湯処理し乾燥させたものは漢方で、「木天蓼《もくてんりょう》」といって、体を暖める薬として利用している。民間薬としては果実を焼酎漬けにして、鎮痛、強壮、リューマチ、神経痛、腰痛の薬として飲んだり、胃腸の弱い人は煎用する。

ヌルデシロアブラムシ

この虫がヌルデの葉についてできた虫こぶを「五倍子」といい、タンニンを多く含み、これを乾燥させたものは、出血、下痢止めの薬に利用されている。

ミツバチ

ミツバチが巣に貯える蜂蜜は、古くから高価で栄養価の高い、滋養強壮・疲労回復に最も効果のある食品として扱われてきた。昔は今のような西洋蜂でなく、自然の樹洞などに巣食うニホンミツバチだけだったから、生産量も少なく貴重なものだったようだ。『延喜式』には内蔵寮への貢納品として、「信濃国二升、備中国二升……」など六国で計九升が載っているにすぎない。疲労回復、食欲増進、増血、強精、肝臓などの薬としたほか、民間薬としては風邪をひいた時は大根おろしと混ぜ、熱湯を加えて飲む。百日咳には海人草の煎じ汁と混ぜて飲むほか、火傷の時や歯痛の時に患部へ塗ったり、湿疹やいんきんたむしの時や唇の荒れた時に塗るなどの利用はよく聞くが、奈良県吉野郡大塔村では、いろいろな眼病に蜂蜜を点眼して治すという。

また「春雪膏」という、目の赤腫や涙が出て目のただれる病に用いる薬は、アマドコロの果実に煉白蜜を加えて作るが、このほか蜂蜜を材料として作る目薬に、「空青丸」「還晴丸」「遠志丸」などもあるという。

蜂の巣

ミツバチではなく、キイロスズメバチ、スズメバチ、ヒメスズメバチなどスズメバチ類の巣で、漢方では「蜂房《ほうぼう》」と呼ばれ、日本でも古くから薬用としていたようで、『延喜式』にも伊勢国一斤一二両、摂津国七両の貢納が載っている。

蜂の巣には、血液凝固作用、心臓の運動強化、血圧の降下、利尿、腫れものを引かせ、炎症をおさえる作用などがある。小児のできものや火傷には巣の黒焼きの粉末をゴマ油で溶いて塗る。歯痛、中耳炎、咳止めなどには巣そのものを煎じて飲むとよいという。長野県の遠山郷では黒焼きの粉末を下痢止めに飲用している。

スズメ蜂類

スズメバチの仲間の成虫は、焼酎漬けにすると、マムシ酒に似た効能があるとされ、長野県の伊那谷や遠山郷では、打身、腫れものに塗ったり、強壮剤として、三五度の焼酎に成虫三〇匹くらいを入れて漬けたものを、一日盃一杯飲むとよいと言っている。

アカヤマアリ

一般にアカアリと呼んでる小型の赤蟻で、カリヤス類が繁る屋根ガヤ原など乾燥した山地に、カラマツの枯葉を食い集めて、高さ三〇～四〇センチの円錐形の「蟻塚」と呼ぶ巣を作っている。この巣を足で蹴ちらしたりすると中から無数の赤蟻が出てくる。

アリは、蟻酸と呼ぶ強い酸性の臭気を放つことが一般に知られていて、民間ではこれを薬に利用している。長野県の伊那谷の南端の阿智村などでは、このアカアリの巣を採ってきて袋に入れ、浴槽に入れて神経痛に浴用している。

その他のアリ

木材の中などに巣を作るムネアカオオアリやトゲアリ、地中に巣を作るクロヤマアリやクロオオアリなどがある。長野県の遠山郷などでは、火傷に小麦や酢と混ぜて患部へ塗る。

渡辺武雄『薬用昆虫の文化誌』によると、岩手県の盛岡辺では、冬のしもやけの薬として、アリの卵や蛹を患部にのせ、それを一つ一つ爪ですり潰して塗るという。また神経痛には生きたアリまたは蒸し焼きにしたものを二〇～三〇匹食べるとよいとのこと。

ウスバカゲロウ

ウスバカゲロウの幼虫は、古い家の軒下などの砂地にすり鉢状の巣穴を作って、アリの落ちるのを待ち伏せているアリジゴクである。この幼虫も昔から民間薬に利用されている。

百日咳には幼虫一〇匹ほどを一回分として煎じて飲む。脚気にも幼虫の煎じ汁が効くという。頭痛や頭に血がのぼった時は、幼虫をつぶして糊で練り、足の裏の土踏まずに貼るとよいという。

カイコガ

養蚕が盛んなころは蚕は各地で飼育されていて見ることができた。カイコを利用した民間療法も盛んに行なわれた。長野県下では腎臓病にはカイコの蛹一合と、トウモロコシの毛一つまみを混ぜて煎じた液を服用した。肋膜炎には蛹の佃煮がよいといわれた。成虫を黒焼きにした粉末は、口内炎や口瘡、釘などの踏み抜き、傷口の止血に患部へ塗るなどした。

クスサン

クリの木の葉を食べて育つ蛾で、幼虫は「白髪太郎《しらがたろう》」とか「白髪太夫《しらがだゆう》」などと呼ばれている。雌は交尾後秋に卵を産み、卵で越冬し翌春孵化する。秋田県下ではこの卵を、あかぎれに飯粒と練り合わせて紙に塗りつけて患部に貼って治すという。

カブトムシ

民間療法では成虫を焼酎漬けにしたものか、乾燥させた成虫を粉末とし、リューマチに飲用するほか、難産の時にもこの粉末を水で飲ませる。また指などが瘭疽《ひょうそ》になった時、幼虫をよく洗い、尻から内臓物を引き出して捨て、残った幼虫の体を指サックのように患部の指にはめ、三～四時間ごとに新しいものと取り替える。こうすると嘘のように痛みが消えるという。

ゲンゴロウ、ガムシ

ゲンゴロウもガムシも水棲昆虫で、池や沼、湿田などに棲んでいる。どちらも甲虫のような堅い上翅《ばね》を持っている。水がなくなると翅で飛翔し水のある所へ移動する。

小児の疳には翅や肢を取り除いて焼いて食べさせる。生や煮たものはぜん息の薬とする。乾燥させて粉末にしたものは、飯粒と練りあわせて傷薬、腫れものの吸い出し薬として患部へ貼る。

ミズスマシ

「しょうかち」と呼ぶ、のどがかわいて尿の出が悪い病気があるが、これにはミズスマシを生のまま三～四匹水で飲ませるとよいという。九州では熱病の時に、生の虫を酒に浮かべて飲ませるという。このほか胃病や糖尿病、神経衰弱にも同じようにするとよいというが、なんだか眉唾《まゆつば》のような気がする。

イボタノカイガラムシ

イボタノキ、トネリコ、ヒトツバタゴなどのモクセイ科の植物に寄生し、雄の幼虫の分泌物は枝にアイスキャンデー状にロウ物質を付け、これを処理して固めたのがイボタロウだ。イボタノキもいぼをとるのに用いるところから付けられた名前である。民間薬としてはイボタロウは、強壮薬として煎用したり、打撲、切り傷などに使う膏薬を作るのに用いる。

セ　ミ

愛媛県の宇和島ではセミは心臓病の薬として炒って食べさせたり、痔核に菜種油と混ぜて気長に煮つめ、これを根気よく患部へ塗るとよいとされる。

セミのぬけ殻

セミのぬけ殻

漢方では「蟬退《せんたい》」と呼び薬としている。民間薬としても、小児のひきつけに二個の殻を入れて煎じて飲む。夜泣きには粉末にし、ハッカ油と酒をすこし加えて飲ませる。中耳炎には三〜五グラムを内服する。咳止めには粉末に甘草を加えて煎用するなどがある。

長野県の秋山郷では、耳だれにもんでつけるし、伊那谷地方では、咳止めに、ぬけ殻を粉末にして咽頭へ吹き付けるとよいとしている。

タイコウチ

神経衰弱に翅をとって煎じて服用するという。

ゴキブリ

中国では動脈硬化、肝硬変、便秘、心臓病、インフルエンザなどいろいろな病気に薬として使われているようだが、日本ではあまり使われていない。小児の驚風や風邪に使われたり、頭と腸をとり除いて塩を塗って焼いたものを胃腸病患者に食べさせるほか、すりつぶした液をしもやけに塗る程度の利用が知られているだけである。

イナゴ

一般にイナゴと呼んでいるものに、翅の長いハネナガイナゴと、翅の短いコバネイナゴがあるが、どちらも同じように利用できる。民間薬としては、小児の疳の薬とするほか咳止め、解熱、貧血にも炒ったり煮しめて食べさせる。また、リンパ腺の腫れた時には、黒焼きにした粉末を酢に溶いて紙に塗り、これを患部に貼る。子どもの頭瘡、あかぎれ、しもやけには黒焼きにした粉末をゴマ油で溶いて塗る。痰の薬にはイナゴ味噌が良いし、トゲ抜きにも黒焼きの粉末を練って貼るとよい。

コオロギ類

コオロギも一般に知られたエンマコオロギのほか、ミツカドコオロギ、オカメコオロギなど数種類ある。いずれも同じように利用されている。民間薬としては、腫れものに成虫をすりつぶして貼ったり、疳、解熱、赤痢などにも昔は使ったというが、詳細は不明。

アカトンボ

ナツアカネ、アキアカネ、マユタテアカネなどの赤トンボは、黒焼きにした粉を扁桃腺炎、百日咳、ぜん息などの病気に、のどの奥に塗るほか、小児の風邪、ジフテリアには焼いて食べると下熱効果があるとされている。また神経痛、咽頭炎には干したものを煎じて飲む。

トンボの幼虫

利尿剤として生のものをよく洗ってそのまま食べるほか、解熱剤として煎じて飲む。

トビケラ類

ヒゲナガカワトビケラ、シマトビケラなどのトビケラ類を、冬の寒い時期に採って佃煮としたものは、「ザザ虫」という商品名で食品として売られている。が、これは民間薬としても、解熱や尿道結石に、また利尿剤としても効能があるとされている。

(6) その他の動物

ムカデ

ムカデはハチの毒に似た成分の毒を持っており、この虫の毒顎で咬まれると、しびれるような痛みがあり、数日間も腫れがひかないという。この毒を薬に利用することができ、漢方では「蜈蚣《ごこう》」という。民間療法では、ゴマ油かツバキ油にムカデをそのまま漬けておき、傷薬として用いられている。長野県内では、上水内《みのち》郡鬼無里《きなさ》村と伊那谷で、火傷、腫れもの、耳だれに、ゴマ油に漬けて使われている。

ク　モ

クモ本体やクモの糸も民間薬として使われてきた。長野県の南の伊那谷の一部の地方では、昔はクモは堕胎の薬として飲んだこともあったという。また県内の各地で、イボとりに、イボをクモの糸で巻いておくという民間療法がある。松本を中心とした中信地区や伊那谷、上水内郡鬼無里村では、ジグモ（木の根元や石垣に指サック状の半地下式の袋巣を作る）の綿状の巣を採り、これを傷の止血に患部へつける治療法が行なわれている。

ミミズ

ミミズは古くから解熱剤として知られている。そのほかにも、溶血、血圧降下、抗結核菌などの作用があり、ひきつけ、リューマチ、ぜん息、利尿などに幅広く利用されている。

長野県内を見ても県内全域で利用されており、そのほとんどは風邪の治療に、内臓をしぼり出したものを干しておき、これを煎じて飲むか、生のものを煮出して、その汁を飲む方法をとっている。

水田にみられるマルタニシ

カタツムリ

長野県の小谷《おたり》村では、子どもの疳の薬として、焼いて食べさせている。

ナメクジ

ナメクジは長野県内では各地区でそれぞれいろいろな治療に使っている。県の南の遠山郷地方では、心臓病やぜん息に、生きたものをそのまま生で飲む。佐久地方では酢に漬けておき、盲腸炎で腹部が痛い時に筆につけて患部へ塗る。県北部の小谷村では子どものよだれに生で食べさせると治ると言っている。

タニシ

長野県の秋山郷では、肝臓病に殻を除き、身を煮て食べさせる。県北部の小谷村ではやはり中身を、むくみや肝臓炎に米粒と練って和紙に付けて、足の裏へ貼る。

サワガニ

広く各地で、ウルシかぶれにサワガニをつぶし、その液を患部につける。また長野県の伊那谷では、腎臓病に布で包んでつぶした汁を、砂糖と混ぜて飲ませるし、木曽谷では風邪薬として煎用するほか、北安曇地方ではぜん息の薬として焼いて食べる。

五　角・骨などの薬以外への利用

(一)　角の利用

シカの角

以前はシカの多く棲む地方の山村では、どこの家でも軒先に鹿の角を吊し、みの掛けにしてあった。入口を入った土間の隅にも吊ってある家があった。また居間の隅や仏壇の前などに吊って、薬袋や種袋などをかけてある家もあった。

一本角の小さなものは削って滑らかにし、基部に穴を開けて、俵やかますをかがる用具にしている家が結構あった。わずかにカーブしていて、使いよいと言っていた。

また、海の魚釣りの擬餌として、イワシやイカ釣りに用いられていたし、キジ笛には鹿の生き角が最高で、雄笛は角の股のところから作る。ここから採った角で作ると高い音がでる。雌笛は股と股の間から採った角で作る。キジ笛はこのほか象牙、アワビ貝、セルロイドでも作るが、シカの角で作った笛は、長く吹いても音声に変化がないから良いと言われた。

ヘビ捕りがヘビをさそい集めるのに吹くヘビ笛は、さかりがついたヘビの音が出るもので、穴の開いた五円硬貨のような形に鹿の角に穴を開けて作り、これをヒキガエルの皮で包んだものである。

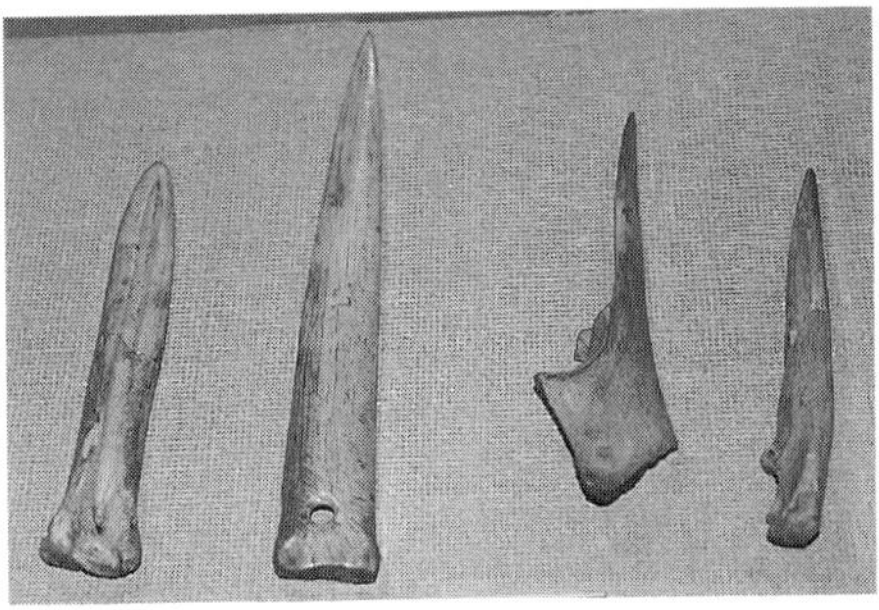

シカの角は堅くて丈夫だから，いろいろに加工して道具として利用された

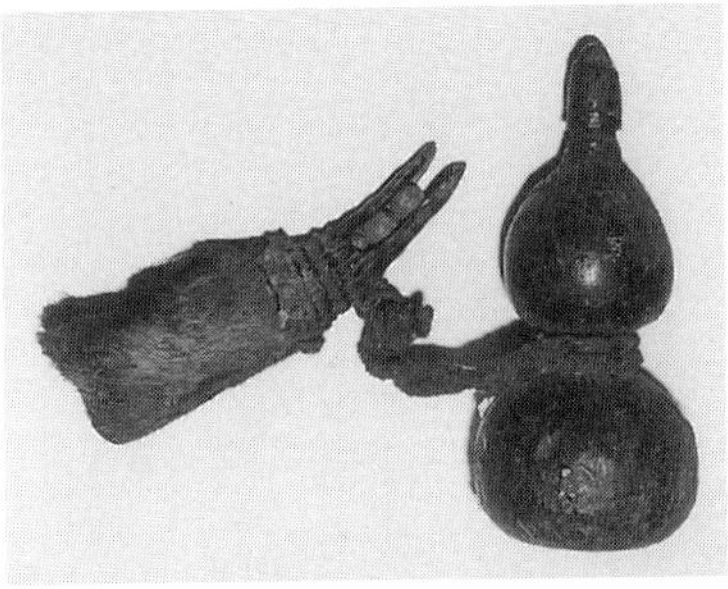

カモシカの角を利用した弾丸入れの差し入れ口(カラス口)と，ヒョウタン利用の火薬入れ

シカの角は古来飾り物として床飾りにしたり、武将の刀かけなどとして広く利用され、美しい装飾品だった。戦国時代の武将の中にはかぶとの前立てとした人もいる。

カモシカの角

パイプに作るほか、猟師は弾丸入れの差し入れ口（カラス口）にした。またカツオやイワシ釣りの擬似餌として利用された。べっこう色のものを最高とした。また角にある輪状の突起の多いものほど高値で売れた。自家用としては角は馬の蹄の凹部の泥のかき出し用具として使った。

(二) 骨の利用

オオカミは魔除けの力があるといわれ、顎骨は印籠《いんろう》やたばこ入れの根付けとしている人がいた。牙はばくち打ちの世界では珍重された。さいころは普通シカの角でできているので、オオカミの牙を懐にして賭《と》博《ばく》場にのぞむと、さいころの目の出が自分の思うままになるといわれた。

シカの骨は、古くは占いに用いた。シカの肩甲骨を焼いてそのひびの入り方で占いをしたもので、シカウラとも言った。今も群馬県の貫前神社などで行なわれている。焼く薪にはウワミズザクラの材を使ったといわれている。

クマの骨は富山県の平村では、飾り物にしたり、印籠やへしき（尻当て）の紐止めに利用している。また上顎の歯を判子《はんこ》にしている猟師がいた。陰茎の骨は江戸時代のおいらんたちが、耳かきにして珍重したという。この骨の長さは約一一センチ、重さは三グラムとのこと。

狐の頭骨は、北海道白老《しらおい》のアイヌ部落で聞いた話だが、昔は大抵の家に漆塗りの容器の上などに飾ってあり、何かあった時にそれを持ち出し、神のお告げを聞く占いに用いたという。狩りに行く時なども持参し、猟がおもわしくない時は占ったりした。漁師の家では漁に出る時に持参して漁を占ったりした。

亀の頭骨も、白老のアイヌの家では、狐の頭骨と一緒に祀ってある家が多かった。亀の頭骨は火災予防にご利益があるとされ、近くに火災があればすぐ持ち出して、この骨に水をかけながら大声で鎮火を祈ったという。

ニカワ（膠）の語源は「煮る皮」で、牛などの獣類の皮や骨を煮て作る動物膠と、鮫《さめ》などの魚の皮や浮き袋などで作る魚膠がある。『重修本草綱目啓蒙』には、「弓には鹿ニベを用い、魚膠は弱き故用いず」とあり、強力な接着用には獣の膠を用いた。

六　昆虫類のその他の利用

(一)　繭の利用

カイコガの幼虫が蛹になる時（上簇）作る繭からは上質の絹糸が採れ、高価で取り引きされるので、蚕の飼育は日本の一大産業として栄え、農山村では蚕を飼う家がたくさんあった。が、昭和四十（一九六五）年ころから不振となり、繭価も次第に下がり、平成になると飼育する人はほとんどいなくなった。養蚕が盛んだったころは、繭から採った真綿は軽くて暖かいので、風邪の時のどに巻いたり、「ちゃんちゃんこ」を作って着たり、綿が動かないように布団に入れるとか、クロスズメバチの巣探しに目印に付けるなど、多方面に用いた。

天然のカイコで、クヌギ、ナラ、クリなどの葉を食べさせて育てるヤママユガやサクサンガの幼虫（山蚕《やまこ》、天蚕《てんさん》、柞蚕《さくさん》）が蛹化する時に作る繭は黄緑色の光沢のある美しい色をしており、これから採った糸はカイコの糸に比べ太く強く、伸縮性に富み美しいので、高級工芸品や高級布に加工されて販売されてい

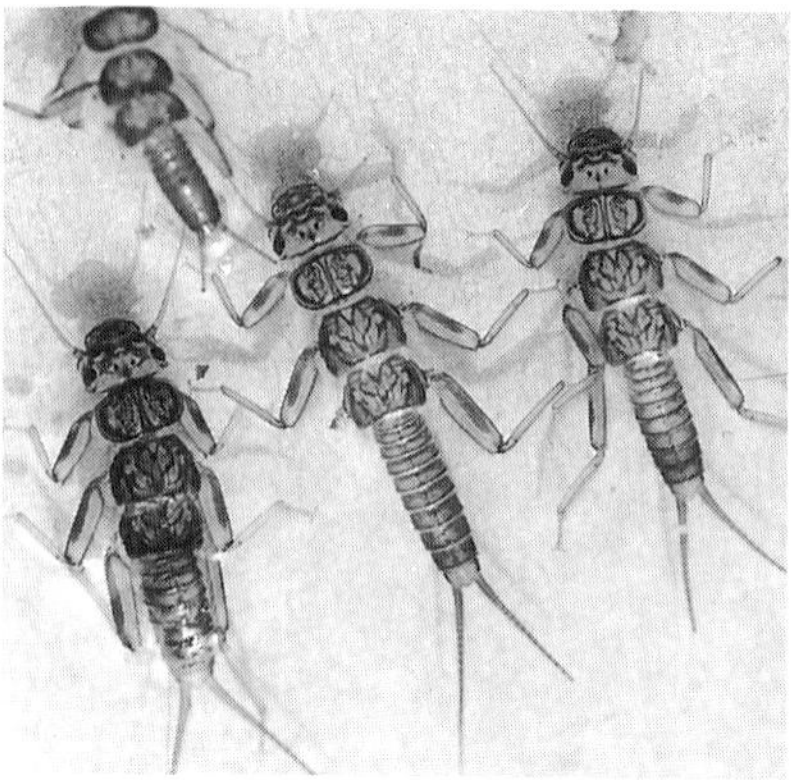
イワナ釣りの餌に利用の多いカワゲラの幼虫

クリの葉を食べるクスサンの幼虫

る。長野県南安曇郡穂高町有明では、天明年間（一七八一〜一七八九）から野生の天蚕を飼育して今日に至っている。

同じく天然の蚕の仲間で、主としてクリの木の葉を食べるクスサンは、白髪太郎、白髪太夫といわれ、網目状の中が透けて見える繭を作る。これをソーダで煮ると褐色の栗綿が採れる。また大きくなった幼虫の絹糸腺からは、テグスに似た透明で長くて丈夫な糸が採れる。普通は幼虫の腹を裂いて現われる糸を酢に漬けて細く引き伸ばして仕上げるが、仕上げにはサメ皮でしごくのが一番よかった。この糸は魚釣りの釣糸として、全国の広い地域で用いられた。また新潟県の栃尾市などでは、越後てまりを作る時、この繭を芯にして、繭の中に、大豆、小豆、貝がらなど七品を入れ、この外をゼンマイの綿で厚く包み、さらにこの外を和紙で包み、糸でよく巻いて仕上げている。

(二) 狩猟・漁撈への利用

江戸時代、将軍家はタカ狩り用の鷹を江戸城近くでたくさん飼育し、江戸近郊には将軍専用の十里四方もある御鷹場を設定して、鷹狩りをしばしば楽しんでいた。したがって鷹狩り用のタカを貢納するタカの産地の農民や、御鷹場に設定された区域に住む農民の気遣いや苦労は大変だった。これら地域の農民は、タカの餌にする小鳥類の捕獲や飼育を業とする「餌差し」の申し付けにより、いつも小鳥の餌用のケラ、イナゴ、エビズルの虫、柳虫、青虫、ミミズ、赤蛙などの捕獲と供出を命ぜられた。

小児の疳の薬とするカミキリ虫類（とっこ虫、鉄砲虫、柳虫）、ブドウスカシバ（ぶどう虫、えびずる虫）、コウモリガ（くさぎの虫、とうの虫）、ボクトウガ（ごとう虫）だとか、水棲昆虫のカゲロウ、トビケラ、カワゲラ類や各種の蜂の幼虫（蜂の子）は、魚釣りの餌として昔から広く用いられている。

またミミズ類も釣りの餌として広く用いられていることはいうまでもない。

㈢　分泌物などの利用

五倍子

ヌルデの葉にヌルデシロアブラムシがついてできた虫こぶを乾燥させたもので、タンニンの含有量が五〇％以上と高い。五倍子は主に高級和服などの黒色染色やインクの製造、入れ墨、なめし皮などに使われている。民間では大正の中ごろまで、既婚婦人は「お歯黒染め」といって歯を黒く染めたが、その染料として主に使われた。

イボタノカイガラ虫

この虫はイボタノキ、トネリコ、ヒトツバタゴ、ネズミモチなどのモクセイ科の植物が大好きで、幼虫の雄はこの木の樹液を吸って育ち、体から蠟《ろう》物質を分泌して枝にぬり付ける。そうすると樹皮は白いアイスキャンデー状になる。これを採って熱湯処理し、冷水で固めたものが「いぼたろう（虫白蠟）」である。トネリコという木の名前も、戸が滑りやすいようにこの蠟を戸溝に塗るところから付けられた名前である。

七　愛玩・観賞用や祭りの主として

(一)　鷹

「放鷹」と呼ばれる一種の狩猟術がある。飼育訓練させたタカを使って鳥などの獲物を捕らえさせるもので、中央アジアの砂漠地帯で発生し、中国・朝鮮を経て、日本には仁徳天皇の時代に伝わったといわれる。そしてそれ以来現在に至るまで続いているが、全盛期は万葉時代と徳川時代だったとされる。

放鷹は一般に天皇や公家、将軍や殿様など、権力者や高官の高級な遊びで、タカは狩猟目的と共に愛玩用として飼育されていた。したがって容姿や羽の紋様の美しい種が、獲物を捕らえる技術と共に求められ、その結果オオタカ、ハイタカ、ツミ、ハヤブサ、クマタカの五種が、鷹狩り用のタカとして飼育されていた。

そんな中で、オオタカは最も美しく立派な姿態をし、タカの中のタカといった感じで、獲物を捕る技術にも優れていて、自分より大きなツルや白鳥なども捕らえることができ、一番多く飼われた種である。

ここで「放鷹」は「一般に天皇や公家……」と先に述べた点について、補足すると、クマタカについてだけは例外があって、このタカは武家社会では放鷹が廃止となった明治の初めころから、秋田県や山形県の一部山間地の農民の間で、飼育と狩猟が盛んになり、タカ類の捕獲や飼育・売買が国際法で禁止になる平成時代まで続いた。彼らは近くの山からクマタカの営巣を探し出し、雛を捕らえてきて育て、愛情を込めて飼育し、農閑期の冬にはこのタカを使ってノウサギなどの猟を楽しんだ。

(二) 小鳥

小鳥の愛らしい姿や仕草、美しい囀《さえず》りに心惹かれて、昔から多くの人が小鳥を飼ってきた。太平洋戦争後の昭和三十(一九五五)年ごろまでは、捕獲も飼育も厳しくなかったから、鳥もちやかすみ網を使って捕獲したり、知人から譲ってもらったりして気軽に飼うことができた。

飼育している種類は、スズメ、マヒワ、ウグイス、メジロ、シジュウカラ、コガラ、ヤマガラなどのカラ類やコマドリなどが多かった。

(三) 小動物

愛玩用としてよく飼育される野生小動物は、哺乳類ではリスやノウサギ、爬虫類ではクサガメ、イシガメなど、両生類では各種のオタマジャクシをよく見かける。魚類ではメダカ、ドジョウ、フナなどだ。クワガタやカブトムシ、ホタル、セミ、トンボ、カタツムリ、バッタなどは愛玩用というより、子どもの遊び相手として見た方がよいかもしれない。

子どもたちは夏休みにはミヤマクワガタ、ノコギリクワガタ、ヒラタクワガタなどのクワガタムシやカブトムシの雄を求めて、クリ、ナラ、クヌギなどの、樹液の出る傷口を探し歩き、キイロスズメバチも来て一緒に樹液を吸っているので、蜂に警戒しながらおそるおそるこれらの昆虫をつかまえてきて飼育し、大きさや強さを自慢して遊んだ。

ホタルは、ヨモギを伐ってほうきを作り、畑からネギの葉を採って夜になるのを待ち、「ホッホー、ホータル来い……」などと唄いながら、ホタル狩りに出かけた。捕ったホタルはネギの葉の空洞に入れ、その点滅するのを確認しながら家に持ち帰り、寝室に吊ってある蚊屋の中に放して電気を消し、その幻想的な光を飽くことなく眺めているうち、いつしか眠りに入ったものだった。

セミ、トンボ捕りも夏休み中の子どもの遊びで、捕ったものは虫かごに入れて飼った。カタツムリ（ヒダリマキマイマイ、ミスジマイマイ、コベソマイマイなど）は自分で見つけるよりも、親や兄弟が何かのおりに偶然見つけて捕ってきてくれることが多かった。キャベツなどを与えて飼うと結構長生きした。ときには、「デンデンムシムシカタツムリ……」などとはやしながら、ちょっとつつくと、角を引っ込め、そのうちまた角を出して動き始めるのがおもしろく、幾回かかまって遊んだものだ。

バッタ捕りは河原や原野で、追っかけっこをしながら友達とやった。アリ地獄でもよく遊んだ。お寺やお宮の軒下の細かい砂地の所に行くと、漏斗《ろうと》状の小穴がたくさんあって、アリをこの穴へ放すと、アリは逃げようともがくが、次から次と砂が崩れて、外へ逃れることができない。しばらくもがいていると砂の中からウスバカゲロウの幼虫が、アリを挟み、砂の中へ引きずり込もうとする。と、そこを見はからって子どもの手が伸び、砂の中の幼虫（アリ地獄）をつかまえて手の平に乗せ、「ハッコさんハッコさんお茶飲み行こう……」などとはやして遊んだ。

クモの仲間のハエトリグモやコガネグモなどを使い、クモ同士を戦わせるクモ合戦と呼ぶ勝負ごとがある。熱心なのは鹿児島県加治木《かじき》町などで、山野を歩いて自分で見つけたクモを、手塩にかけて育て、調教して戦わせるもので、戦わせるのは雌だけで、五〇センチの棒の先で戦わせる。負けたクモは相手の糸に巻かれて動けなくなるか、糸を引いて下へ落ちる。それだけの勝負に熱い目がそそがれる。

このようなクモの戦いを楽しむ遊びは、鹿児島県が最も盛んだが、そのほか、宮崎、熊本、福岡、高知、香川、愛媛、島根、神奈川、千葉、群馬、茨城、山梨、青森などの各県にもこれに似たような二匹のクモをけんかさせる遊びがある。主として男の子の遊びである。ただ、山梨県では横にした棒でなく、箱の中で戦わせるし、千葉県では箱のほか新聞紙を幅一〇センチくらいに切ってまるめ、つなぎは竹ではさんで土にさし込んで土俵とし、その中へ二匹のクモを入れてけんかさせるなどの方法もあった。また青森県ではコガネグモをY状の木の枝に付けて巣ごと捕ってきて、この枝をそのままお互いにくっつけてクモ同士を戦わせた。戦わせるクモは地域によってジグモ、コガネグモ、それにハエトリグモの三種類で、そのクモはそれぞれ各地の方言名で呼ばれていた。たとえば鹿児島県や熊本県ではヤマコブヤマコッ、宮崎県でキンコッ、福岡県や千葉県でへイタイグモ、高知県や香川県ではジョロウグモ、愛媛県ではオニグモ、青森県ではジシングモなどである。

蛙も子どもたちのよい遊び相手だった。エノコログサの穂の先だけを小さく残して、釣竿まがいの竿を作り、これでアマガエルなどをよく釣った。またいたずら好きな男の子は、茎が空洞なイネ科の草の茎を採り、これをトノサマガエルやトウキョウダルマガエルの尻の穴に挿し込み、息を吹き込んでお腹をふくらませ、水の上を泳がせるなどの悪戯をした。

夏はカッパ天国で、子どもたちは川で泳いだり魚すくい、魚つかみや魚釣りをよくやった。子どもにもつかむことのできる魚は、カジカ、アブラハヤ、フナなど。小川や溝、池などで釣れる魚も、フナ、アブラハヤ、モロコなどの小魚だった。ザルですくって捕れる魚もフナ、モロコ、ドジョウ、ヌカエビなどの小さなものばかりだったが、捕らえたものは空ビンなどで飼って楽しんだ。

剝製にして床飾りにしたノスリ

イノシシの仔（うりんぼう）の剝製

㈣ 飾り物

暮らしの中での飾り物といえば、大勢が集まる所や他人の目につきやすい玄関や床の間などでの飾り物が多い。このような所への飾り物としての動物といえば、哺乳動物や珍しい鳥類の剝《はく》製、シカ類の角などである。

哺乳類の剝製では、ツキノワグマ、ヒグマ、イノシシ、ニホンジカ、エゾシカ、カモシカ、ニホンザル、ホンドギツネ、キタキツネ、ホンドテン、ホンドオコジョ、ニホンアナグマ、ホンドタヌキ、リスなどである。

タヌキは人によっては後肢で立たせ、一升徳利を持たせ、番傘をささせるなど、ひょうきんな姿にして楽しんでいる人もいる。

鳥類では、以前には入手することができた、オオタカ、ハイタカ、クマタカ、ハヤブサなどのタカ類や、ダイサギ、チュウサギ、コサギなどのサギ類、ハクチョウの仲間などや、身近にいて狩猟鳥のキジやヤマドリの剝製が一般家庭では多く飾られている。

頭部を付けた角をそのまま飾りとして壁などに飾っているものは、ニホンジカやエゾシカで、角だけを刀掛けとしているものもある。

マスコットを兼ねた陶製の動物の置き物も一種の飾りと見てもよいかもしれない。兎や亀、リス、タヌキ、カエル、ワニなど、いろいろある。カエルでは、三重県伊勢二見浦の夫婦岩の向かいの海岸に祠る二見興玉神社の境内や海岸沿いには、陶器、金属、石などさまざまな材料で作られた大小の蛙が奉納を兼ねて飾られている。

縫いぐるみで作った飾り物もある。長野冬季オリンピックのマスコットになった、オコジョとスノーレッツのフクロウはそれぞれ縫いぐるみで作られた飾り物の置き物だが、結構人気があった。

㈤　祭りと動物

地域によっては、その地域特産の動物との長い付き合いの中から、その動物をテーマにしたお祭りやイベントが開かれ、これがそこの町おこし・村おこしや観光宣伝に一役買っているものがある。

大きなハンザキの山車を先頭に，賑やかな湯原町のハンザキ祭り

ガマ祭り

おなじみ「ガマの油売り」の口上で知られる筑波山。毎年八月の第一土・日曜日は筑波山神社のお祭りで、この日は口上自慢の大道芸人がここの境内で開かれる恒例の、「口上大会」に全国から集まり、のどを競う。ガマの油の効能はまったくの作り話ではなく、中国の生薬で蟾酥《せんそ》という、ヒキガエルの耳腺や皮膚から分泌される乳白色の液を薬用としている薬があり、日本にも伝わっている。

ガマ祭りの当日は、大きなガマ神輿《みこし》がくり出し、ガマ音頭が踊られ、油をとられたガマの供養も行なわれ、近くには数千匹のガマを放し飼いするガマ公園もあり、筑波の町を挙げてのイベントとなっている。

ハンザキ祭り

ハンザキとはオオサンショウウオのこと。現在は国指定の特別天然記念物として保護されているが、味がよく牛肉に似て柔らかいので、以前はカバ焼きにされたりした。ハンザキ祭りが行なわれているのは本種を多く産する岡山県真庭郡湯原町で、ここは鳥取県に近く、近くを旭川が流れ、ここから上流の川上村の原生林にかけてハンザキの大物が昔から棲んでいて、町の一角には〝ハンザキ大明神〟が祀られている。文禄の昔（十六世紀末）、湯原の淵に三丈余のハンザキが棲んでおり、これを彦四郎という若者が退治したところ、彦四郎一家は一夜のうちに死に絶えた。そこで祟りを恐れた村人たちが、祠を建ててハンザキを祀ったとのこと。

昔は温泉客に食べさせたハンザキのカバ焼きやハンザキ汁が有名で、客寄せの目玉だったが、それができなくなった昨今は、ハンザキを町おこしにと、町はハンザキセンターを建て、人びとはハンザキの大きな張り子やハンザキの紋様の入ったお揃いの浴衣を作り、毎年八月には皆がこの浴衣を着、この張り子の山車を引いて町中をねり歩き、盛大にハンザキ祭りを行なっている。

フカ狩り祭り

熊本県は天草郡苓北《れいほく》町の富岡港での行事で、三百年の歴史をもつ。代官所の命令ではじまったといわれ、以前は旧暦の六月十三日に行なわれ、この日は「商売止め」のお触れが出、百姓町人まで全戸が稼業を休みフカ狩りに参加した。

フカ狩りは沖合いのサメの群集地で地曳き網を曳いてサメを生けどりにし、これを皆で棒で叩き殺す。もともとはサメに食べられる小魚の種族保護が目的であったとのことであるが、今は町おこしのイベントとなっている。

当日は揃いのはっぴ姿にねじり鉢巻きで、大きなサメが歯をむき出しにしたユーモラスな姿の大きな張り子を車に乗せ、これに網をかぶせて曳く行事もあり、網を引く様子は伊勢神宮の「お木曳き行事」によく似ている。「フカ音頭」の郷土芸能も披露され、近年は数百万円もかかる大行事になってきている。

クモ合戦

山や家の近くから、コガネグモやハエトリグモを捕らえてきて飼育し、棒の先や箱の中で相手のクモとけんかさせ、勝負を競う遊びは全国的にある。が、町を挙げて観光協会主催で大会を開き、観客が千人を超えるという大がかりなイベントに発展させたのは鹿児島県の加治木町である。ここは昔からクモ合戦が盛んな所で、四百年の伝統があると言っている。

けんかに出場するクモはコガネグモばかり二百数十匹、クモマニア七〇余人が手塩にかけて育ててきた精鋭ばかりだ。五〇センチの棒の先で二匹のクモをけんかさせ、勝ち負けを決めるだけのものだが、裃《かみしも》姿の審判長も観客も、視線を一点に凝らしてクモの行方を追い、額に汗がにじむ。もともとこの行事は田植え前の、雨を呼ぶ神事だったとのことで、この行事が終わると、この地域は一斉に田植えに入る。

クマ祭り（イオマンテ）

アイヌの習俗に、ヒグマの霊魂を神の国へ送り返す儀式の「イオマンテ」がある。「クマ祭り」と訳しているが、適当な言葉ではなく、「クマの霊送り」と言った方がよいようで、アイヌの年中行事の中で最も重要で荘厳・盛大な儀式である。

アイヌ人はクマ猟で、親と一緒にいる仔熊を見つけると、仔熊はけっして射たずに里に連れて帰り、お客様として大事に飼育し、ご馳走を与え、翌年か翌々年の春には、お土産をたくさん持たせて親熊が棲む神の国へ送り返す。この儀式がイオマンテで、人びとはイナウを削り、酒づくりをし、式場を準備する。やがて二人の男が綱をつけた仔熊を大勢が見守る中へ引き出してき、子どもたちはヨモギで作った〝花矢〟で仔熊を射、庭の木の上からはクルミ、ミカン、餅、乾魚などを投げ、大勢の人が競い合ってそれを拾う。最後にトリカブトの毒を塗った毒矢が放たれ、仔熊の命は終わる。

たくさんの団子、酒、果物、米などの、神の国へのお土産で飾られた祭壇へ仔熊は安置され、長々とユカーラが朗じられ、これが終わると神の国への旅立ちとなる。大勢の人びとが見守る中で。

だが北海道庁は昭和三十（一九五五）年三月、「クマ祭り」は野蛮な習俗で、社会通念上からも教育上からも良くないから禁止する旨の通達を出した。あさはかな考えである。この行事は、アイヌ民族が古くから持ち続けている、動植物を彼らが食糧などとして狩猟採集する行為に対して、神への感謝とお礼の観念を表わす習俗の代表的なものであり、アイヌの民俗文化や思想の重要な部分であるから、ぜひ残してゆきたいものである。

タイ祭り

古くから伊勢神宮にタイを供進してきた篠島近くの愛知県知多郡南知多町豊浜の中洲神社で、明治十八（一八八五）年以来毎年七月に行なわれている祭りである。長さ一〇メートル、高さ五メートルもある張り子の大ダイが、氏子の青年たちによって赤の彩色も鮮やかに作られ、祭りの当日は張り子の中には太鼓と笛のはやしが入り、これを氏子の若者や漁師五〇人がかついで、伊勢音頭のおはやしも賑やかに町中を練り歩き、やがて海の中に入って今年の大漁と、海の安全を祈願する。竹と木枠を使った立派な張り子で、最後は全員が海の中に入って行なうという奇祭で、見物客も多い祭りだ。

著者略歴

長澤　武（ながさわ　たけし）

1931年長野県北安曇郡神城村（現白馬村）に生まれ，現在まで同所に居住．1948年村役場に就職し，1985年教育長を最後に退職．現在，アルプ自然研究所長．白馬村文化財保護審議委員，長野県自然観察インストラクター，環境庁環境カウンセラー，山村民俗の会会員，著書に『植物民俗』（ものと人間の文化史101）『北アルプス夜話』『長野県山菜キノコ図鑑』『食べられる木の実草の実』『おいしく食べる』『北アルプス乗鞍物語』『北アルプス白馬連峰』『山の動物民俗記』など．

ものと人間の文化史　124-I・動物民俗 I

2005年4月1日　初版第1刷発行

発行所 財団法人 法政大学出版局

〒102-0073 東京都千代田区九段北3-2-7
電話03(5214)5540／振替00160-6-95814
印刷／平文社　製本／鈴木製本所

Printed in Japan

ISBN4-588-21241-9 C0320

ものと人間の文化史

★第9回梓会出版文化賞受賞

文化の基礎をなすと同時に人間のつくり上げたもっとも具体的な「かたち」である個々の「もの」について、その根源から問い直し、「もの」とのかかわりにおいて営々と築かれてきたくらしの具体相を通じて歴史を捉え直す

1 須藤利一編

船

海国日本では古来、漁業・水運・交易はもとより、大陸文化も船によって運ばれた。本書は造船技術、航海の模様の推移を中心に、漂流、船霊信仰、伝説の数々を語る。四六判368頁・'68

2 直良信夫

狩猟

人類の歴史は狩猟から始まった。本書は、わが国の遺跡に出土する獣骨、猟具の実証的考察をおこないながら、狩猟をつうじて発展した人間の知恵と生活の軌跡を辿る。四六判272頁・'68

3 立川昭二

からくり

〈からくり〉は自動機械であり、驚嘆すべき庶民の技術的創意がこめられている。本書は、日本と西洋のからくりを発掘・復元・遍歴し、埋もれた技術の水脈をさぐる。四六判410頁・'69

4 久下司

化粧

美を求める人間の心が生みだした化粧—その手法と道具に語らせた人間の欲望と本性、そして社会関係。歴史を遡り、全国を踏査して書かれた比類ない美と醜の文化史。四六判368頁・'70

5 大河直躬

番匠

番匠はわが国中世の建築工匠。地方・在地を舞台に開花した彼らの造型・装飾・工法等の諸技術、さらに信仰と生活等、職人以前の独自で多彩な工匠的世界を描き出す。四六判288頁・'71

6 額田巌

結び

〈結び〉の発達は人間の叡知の結晶である。本書はその諸形態および技法を作業・装飾・象徴の三つの系譜に辿り、〈結び〉のすべてを民俗学的・人類学的に考察する。四六判264頁・'72

7 平島裕正

塩

人類史に貴重な役割を果たしてきた塩をめぐって、発見から伝承・製造技術の発展過程にいたる総体を歴史的に描き出すとともに、その多彩な効用と味覚の秘密を解く。四六判272頁・'73

8 潮田鉄雄

はきもの

田下駄・かんじき・わらじなど、日本人の生活の礎となってきた伝統的はきものの成り立ちと変遷を、二〇年余の実地調査と細密な観察・描写によって辿る庶民生活史　四六判280頁・'73

9 井上宗和

城

古代城塞・城柵から近世代名の居城として集大成されるまでの日本の城の変遷を辿り、文化の各領野で果たしてきたその役割を再検討。あわせて世界城郭史に位置づける。四六判310頁・'73

10 室井綽

竹

食生活、建築、民芸、造園、信仰等々にわたって、竹と人間との交流史は驚くほど深く永い。その多岐にわたる発展の過程を個々に辿り、竹の特異な性格を浮彫にする。四六判324頁・'73

11 宮下章

海藻

古来日本人にとって生活必需品とされてきた海藻をめぐって、その採取・加工法の変遷、商品としての流通史および神事・祭事での役割に至るまでを歴史的に考証する。四六判330頁・'74

12 岩井宏實

絵馬

古くは祭礼における神への献馬にはじまり、民間信仰と絵画のみごとな結晶として民衆の手で描かれ祀り伝えられてきた各地の絵馬を豊富な写真と史料によってたどる。四六判302頁・'74

13 吉田光邦

機械

畜力・水力・風力などの自然のエネルギーを利用し、幾多の改良を経て形成された初期の機械の歩みを検証し、日本文化の形成における科学・技術の役割を再検討する。四六判242頁・'74

14 千葉徳爾

狩猟伝承

狩猟には古来、感謝と慰霊の祭祀がともない、人獣交渉の豊かで意味深い歴史があった。狩猟用具、巻物、儀式具、またけものたちの生態を通して語る狩猟文化の世界。四六判346頁・'75

15 田淵実夫

石垣

採石から運搬、加工、石積みに至るまで、石垣の造成をめぐって積み重ねられてきた石工たちの苦闘の足跡を掘り起こし、その独自な技術の形成過程と伝承を集成する。四六判224頁・'75

16 高嶋雄三郎

松

日本人の精神史に深く根をおろした松の伝承に光を当て、食用、薬用等の実用の松、祭祀・観賞用の松、さらに文学・芸能・美術に表現された松のシンボリズムを説く。四六判342頁・'75

17 直良信夫

釣針

人と魚との出会いから現在に至るまで、釣針がたどった一万有余年の変遷を、世界各地の遺跡出土物を通して実証しつつ、漁撈によって生きた人々の生活と文化を探る。四六判278頁・'76

18 吉川金次

鋸

鋸鍛冶の家に生まれ、鋸の研究を生涯の課題とする著者が、出土遺品や文献・絵画により各時代の鋸を復元・実験し、庶民の手仕事にみられる驚くべき合理性を実証する。四六判360頁・'76

19 飯沼二郎／堀尾尚志

農具

鍬と犂の交代・進化の歩みとして発達したわが国農耕文化の発展経過を世界史的視野において再検討しつつ、無名の農具たちによる驚くべき創意のかずかずを記録する。四六判220頁・'76

20 額田巌
包み
結びとともに文化の起源にかかわる〈包み〉の系譜を人類史的視野において捉え、衣・食・住をはじめ社会・経済史、信仰、祭事などにおけるその実際と役割とを描く。四六判354頁・'77

21 阪本祐二
蓮
仏教における蓮の象徴的位置の成立と深化、美術・文芸等に見る人間とのかかわりを歴史的に考察。また大賀蓮はじめ多様な品種とその来歴を紹介しつつその美を語る。四六判306頁・'77

22 小泉袈裟勝
ものさし
ものをつくる人間にとって最も基本的な道具であり、数千年にわたって社会生活を律してきたその変遷を実証的に追求し、歴史の中で果たしてきた役割を浮彫りにする。四六判314頁・'77

23-I 増川宏一
将棋I
その起源を古代インドに、我国への伝播の道すじを海のシルクロードに探り、また伝来後一千年におよぶ日本将棋の変化と発展を盤、駒、ルール等にわたって跡づける。四六判280頁・'77

23-II 増川宏一
将棋II
わが国伝来後の普及と変遷を貴族や武家・豪商の日記等に博捜し、遊戯者の歴史をあとづけると共に、中国伝来説の誤りを正し、将棋宗家の位置と役割を明らかにする。四六判346頁・'85

24 金井典美
湿原祭祀 第2版
古代日本の自然環境に着目し、各地の湿原聖地を稲作社会との関連において捉え直して古代国家成立の背景を浮彫にしつつ、水と植物にまつわる日本人の宇宙観を探る。四六判410頁・'77

25 三輪茂雄
臼
臼が人類の生活文化の中で果たしてきた役割を、各地に遺る貴重な民俗資料・伝承と実地調査にもとづいて解明。失われゆく道具のなかに、未来の生活文化の姿を探る。四六判412頁・'78

26 盛田嘉徳
河原巻物
中世末期以来の被差別部落民が生きる権利を守るために偽作し護り伝えてきた河原巻物を全国にわたって踏査し、そこに秘められた最底辺の人びとの叫びに耳を傾ける。四六判226頁・'78

27 山田憲太郎
香料 日本のにおい
焼香供養の香から趣味としての薫物へ、さらに沈香木を焚く香道へと変遷した日本の「匂い」の歴史を豊富な史料に基づいて辿り、我国風俗史の知られざる側面を描く。四六判370頁・'78

28 景山春樹
神像 神々の心と形
神仏習合によって変貌しつつも、常にその原型＝自然を保持してきた日本の神々の造型を図像学的方法によって捉え直し、その多彩な形象に日本人の精神構造をさぐる。四六判342頁・'78

29 増川宏一
盤上遊戯
祭具・占具としての発生を『死者の書』をはじめとする古代の文献にさぐり、形状・遊戯法を分類しつつその〈進化〉の過程を考察。〈遊戯者たちの歴史〉をも跡づける。四六判326頁・'78

30 田淵実夫
筆
筆の里・熊野に筆づくりの現場を訪ねて、筆匠たちの境涯と製筆の由来を克明に記録しつつ、筆の発生と変遷、種類、製筆法、さらには筆塚、筆供養にまで説きおよぶ。四六判204頁・'78

31 橋本鉄男
ろくろ
日本の山野を漂移しつづけ、高度の技術文化と幾多の伝説とをもたらした特異な旅職集団＝木地屋の生態を、その呼称、地名、伝承、文書等をもとに生き生きと描く。四六判460頁・'79

32 吉野裕子
蛇
日本古代信仰の根幹をなす蛇巫をめぐって、祭事におけるさまざまな蛇の「もどき」や各種の蛇の造型・伝承に鋭い考証を加え、忘れられたその呪性を大胆に暴き出す。四六判250頁・'79

33 岡本誠之
鋏（はさみ）
梃子の原理の発見から鋏の誕生に至る過程を推理し、日本鋏の特異な歴史的位置を明らかにするとともに、刀鍛冶等から転進した鋏職人たちの創意と苦闘の跡をたどる。四六判396頁・'79

34 廣瀬鎮
猿
嫌悪と愛玩、軽蔑と畏敬の交錯する日本人とサルとの関わりあいの歴史を、狩猟伝承や祭祀・風習、美術・工芸や芸能のなかに探り、日本人の動物観を浮彫りにする。四六判292頁・'79

35 矢野憲一
鮫
神話の時代から今日まで、津々浦々につたわるサメの伝承とサメをめぐる海の民俗を集成し、神饌、食用、薬用等に活用されてきたサメと人間のかかわりの変遷を描く。四六判292頁・'79

36 小泉袈裟勝
枡
米の経済の枢要をなす器として千年余にわたり日本人の生活の中に生きてきた枡の変遷をたどり、記録・伝承をもとにこの独特な計量器が果たした役割を再検討する。四六判322頁・'80

37 田中信清
経木
食品の包装材料として近年まで身近に存在した経木の起源を、こけら経や塔婆、木簡、屋根板等に遡って明らかにし、その製造・流通に携った人々の労苦の足跡を辿る。四六判288頁・'80

38 前田雨城
色 染と色彩
わが国古代の染色技術の復元と文献解読をもとに日本色彩史を体系づけ、赤・白・青・黒等におけるわが国独自の色彩感覚を探りつつ日本文化における色の構造を解明。四六判320頁・'80

39 吉野裕子

狐　陰陽五行と稲荷信仰

その伝承と文献を渉猟しつつ、中国古代哲学＝陰陽五行の原理の応用という独自の視点から、謎とされてきた稲荷信仰と狐との密接な結びつきを明快に解き明かす。　四六判232頁・'80

40-I 増川宏一

賭博I

時代、地域、階層を超えて連綿と行なわれてきた賭博。――その起源を古代の神判、スポーツ、遊戯等の中に探り、抑圧と許容の歴史を物語る。全III分冊の〈総説篇〉。　四六判298頁・'80

40-II 増川宏一

賭博II

古代インド文学の世界からラスベガスまで、賭博の形態・用具・方法の時代的特質を明らかにし、夥しい禁令に賭博の不滅のエネルギーを見る。全III分冊の〈外国篇〉。　四六判456頁・'82

40-III 増川宏一

賭博III

聞香、闘茶、笠附等、わが国独特の賭博を中心にその具体例を網羅し、方法の変遷に賭博の時代性を探りつつ禁令の改廃に時代の賭博観を追う。全III分冊の〈日本篇〉。　四六判388頁・'83

41-I むしゃこうじ・みのる

地方仏I

古代から中世にかけて全国各地で作られた無銘の仏像を訪ね、素朴で多様なノミの跡に民衆の祈りと地域の願望を探る。宗教の伝播、文化の創造を考える異色の紀行。　四六判256頁・'80

41-II むしゃこうじ・みのる

地方仏II

紀州や飛驒を中心に草の根の仏たちを訪ねて、その相好と像容の魅力を探り、技法を比較考証して仏像彫刻史に位置づけつつ、中世地域社会の形成と信仰の実態に迫る。　四六判260頁・'97

42 岡田芳朗

南部絵暦

田山・盛岡地方で「盲暦」として古くから親しまれてきた独得の絵解き暦を詳しく紹介しつつその全体像を復元する。その無類の生活暦は、南部農民の哀歓をつたえる。　四六判288頁・'80

43 青葉高

野菜　在来品種の系譜

蕪、大根、茄子等の日本在来野菜をめぐって、その渡来・伝播経路、品種分布と栽培のいきさつを各地の伝承や古記録をもとに辿り、畑作文化の源流とその風土を描く。　四六判368頁・'81

44 中沢厚

つぶて

弥生投弾、古代・中世の石戦と印地の様相、投石具の発達を展望しつつ、願かけの小石、正月つぶて、石こづみ等の習俗を辿り、石塊に託した民衆の願いや怒りを探る。　四六判338頁・'81

45 山田幸一

壁

弥生時代から明治期に至るわが国の壁の変遷を壁塗＝左官工事の側面から辿り直し、その技術的復元・考証を通じて建築史・文化史における壁の役割を浮き彫りにする。　四六判296頁・'81

46 小泉和子
簞笥（たんす）　★第II回江馬賞受賞
近世における簞笥の出現＝箱から抽斗への転換に着目し、以降近現代に至るその変遷を社会・経済・技術の側面からあとづける。著者自身による簞笥製作の記録を付す。四六判378頁・'82

47 松山利夫
木の実
山村の重要な食糧資源であった木の実をめぐる各地の記録・伝承を集成し、その採集・加工における幾多の試みを実地に検証しつつ、稲作農耕以前の食生活文化を復元。四六判384頁・'82

48 小泉袈裟勝
秤（はかり）
秤の起源を東西に探るとともに、わが国律令制下における中国制度の導入、近世商品経済の発展に伴う秤座の出現、明治期近代化政策による洋式秤受容等の経緯を描く。四六判326頁・'82

49 山口健児
鶏（にわとり）
神話・伝説をはじめ遠い歴史の中の鶏を古今東西の伝承・文献に探り、特に我国の信仰・絵画・文学等に遺された鶏の足跡を追って、鶏をめぐる民俗の記憶を蘇らせる。四六判346頁・'83

50 深津正
燈用植物
人類が燈火を得るために用いてきた多種多様な植物との出会いと個々の植物の来歴、特性及びはたらきを詳しく検証しつつ「あかり」の原点を問いなおす異色の植物誌。四六判442頁・'83

51 吉川金次
斧・鑿・鉋（おの・のみ・かんな）
古墳出土品や文献・絵画をもとに、古代から現代までの斧・鑿・鉋を復元・実験し、労働体験によって生まれた民衆の知恵と道具の変遷を蘇らせる異色の日本木工具史。四六判304頁・'84

52 額田巌
垣根
大和・山辺の道に神々と垣との関わりを探り、各地に垣の伝承を訪ねて、寺院の垣、民家の垣、露地の垣など、風土と生活に培われた生垣の独特のはたらきと美を描く。四六判234頁・'84

53-I 四手井綱英
森林I
森林生態学の立場から、森林のなりたちとその生活史を辿りつつ、産業の発展と消費社会の拡大により刻々と変貌する森林の現状を語り、未来への再生のみちをさぐる。四六判306頁・'85

53-II 四手井綱英
森林II
森林と人間との多様なかかわりを包括的に語り、人と自然が共生するための森や里山をいかにして創出するか、森林再生への具体的な方策を提示する21世紀への提言。四六判308頁・'98

53-III 四手井綱英
森林III
地球規模で進行しつつある森林破壊の現状を実地に踏査し、森と人が共存する日本人の伝統的自然観を未来へ伝えるために、いま何が必要なのかを具体的に提言する。四六判304頁・'00

54　酒向昇
海老（えび）
人類との出会いからエビの科学、漁法、さらには調理法を語り、めでたい姿態と色彩にまつわる多彩なエビの民俗を、地名や人名、詩歌・文学、絵画や芸能の中に探る。四六判４２８頁・'85

55－Ⅰ　宮崎清
藁（わら）Ⅰ
稲作農耕とともに二千年余の歴史をもち、日本人の全生活領域に生きてきた藁の文化を日本文化の原型として捉え、風土に根ざしたそのゆたかな遺産を詳細に検討する。四六判４００頁・'85

55－Ⅱ　宮崎清
藁（わら）Ⅱ
床・畳から壁・屋根にいたる住居における藁の製作・使用のメカニズムを明らかにし、日本人の生活空間における藁の役割を見なおすとともに、藁の文化の復権を説く。四六判４００頁・'85

56　松井魁
鮎
清楚な姿態と独特な味覚によって、日本人の目と舌を魅了しつづけてきたアユ――その形態と分布、生態、漁法等を詳述し、古今のアユ料理や文芸にみるアユにおよぶ。四六判２９６頁・'86

57　額田巌
ひも
物と物、人と物とを結びつける不思議な力を秘めた「ひも」の謎を追って、民俗学的視点から多角的なアプローチを試みる。『結び』、『包み』につづく三部作の完結篇。四六判２５０頁・'86

58　北垣聰一郎
石垣普請
近世石垣の技術者集団「穴太」の足跡を辿り、各地城郭の石垣遺構の実地調査と資料・文献をもとに石垣普請の歴史的系譜を復元しつつ石工たちの技術伝承を集成する。四六判４３８頁・'87

59　増川宏一
碁
その起源を古代の盤上遊戯に探ると共に、定着以来二千年の歴史を時代の状況や遊び手の社会環境との関わりにおいて跡づける。逸話や伝説を排して綴る初の囲碁全史。四六判３６６頁・'87

60　南波松太郎
日和山（ひよりやま）
千石船の時代、航海の安全のために観天望気した日和山――多くは忘れられ、あるいは失われた船舶・航海史の貴重な遺跡を追って、全国津々浦々におよんだ調査紀行。四六判３８２頁・'88

61　三輪茂雄
篩（ふるい）
臼とともに人類の生産活動に不可欠な道具であった篩、箕(み)、笊(ざる)の多彩な変遷を豊富な図解入りでたどり、現代技術の先端に再生するまでの歩みをえがく。四六判３３４頁・'89

62　矢野憲一
鮑（あわび）
縄文時代以来、貝肉の美味と貝殻の美しさによって日本人を魅了し続けてきたアワビ――その生態と養殖、神饌としての歴史、漁法、螺鈿の技法からアワビ料理に及ぶ。四六判３４４頁・'89

63 むしゃこうじ・みのる
絵師
日本古代の渡来画工から江戸前期の菱川師宣まで、時代の代表的絵師の列伝で辿る絵画制作の文化史。前近代社会における絵画の意味や芸術創造の社会的条件を考える。四六判230頁 '90

64 碓井益雄
蛙（かえる）
動物学の立場からその特異な生態を描き出すとともに、和漢洋の文献資料を駆使して故事・習俗・神事・民話・文芸・美術工芸にわたる蛙の多彩な活躍ぶりを活写する。四六判382頁 '89

65-I 竹内淳子
藍（あい）I 風土が生んだ色
全国各地の〈藍の里〉を訪ねて、藍栽培から染色・加工のすべてにわたり、藍とともに生きた人々の伝承を克明に描き、風土と人間が生んだ〈日本の色〉の秘密を探る。四六判416頁 '91

65-II 竹内淳子
藍（あい）II 暮らしが育てた色
日本の風土に生まれ、伝統に育てられた藍が、今なお暮らしの中で生き生きと活躍しているさまを、手わざに生きる人々との出会いを通じて描く。藍の里紀行の続篇。四六判406頁 '99

66 小山田了三
橋
丸木橋・舟橋・吊橋から板橋・アーチ型石橋まで、人々に親しまれてきた各地の橋を訪ねて、その来歴と築橋の技術伝承を辿り、土木文化の伝播・交流の足跡をえがく。四六判312頁 '91

67 宮内悊
箱
★平成三年度日本技術史学会賞受賞
日本の伝統的な箱（櫃）と西欧のチェストを比較文化史の視点から考察し、居住・収納・運搬・装飾の各分野における箱の重要な役割とその多彩な文化を浮彫りにする。四六判390頁 '91

68-I 伊藤智夫
絹 I
養蚕の起源を神話や説話に探り、伝来の時期とルートを跡づけ、記紀・万葉の時代から近世に至るまで、それぞれの時代・社会・階層が生み出した絹の文化を描き出す。四六判304頁 '92

68-II 伊藤智夫
絹 II
生糸と絹織物の生産と輸出が、わが国の近代化にはたした役割を描くと共に、養蚕の道具、信仰や庶民生活にわたる養蚕と絹の民俗、さらには蚕の種類と生態におよぶ。四六判294頁 '92

69 鈴木克美
鯛（たい）
古来「魚の王」とされてきた鯛をめぐって、その生態・味覚から漁法、祭り、工芸、文芸にわたる多彩な伝承文化を語りつつ、鯛と日本人とのかかわりの原点をさぐる。四六判418頁 '92

70 増川宏一
さいころ
古代神話の世界から近現代の博徒の動向まで、さいころの役割を各時代・社会に位置づけ、木の実や貝殻のさいころから投げ棒型や立方体のさいころへの変遷をたどる。四六判374頁 '92

71 樋口清之
木炭
炭の起源から炭焼、流通、経済、文化にわたる木炭の歩みを歴史・考古・民俗の知見を総合して描き出し、独自で多彩な文化を育んできた木炭の尽きせぬ魅力を語る。 四六判296頁・'93

72 朝岡康二
鍋・釜（なべ・かま）
日本をはじめ韓国、中国、インドネシアなど東アジアの各地を歩きながら鍋・釜の製作と使用の現場に立ち会い、調理をめぐる庶民生活の変遷とその交流の足跡を探る。 四六判326頁・'93

73 田辺悟
海女（あま）
その漁の実際と社会組織、風習、信仰、民具などを克明に描くとともに海女の起源・分布・交流を探り、わが国漁撈文化の古層としての海女の生活と文化をあとづける。 四六判294頁・'93

74 刀禰勇太郎
蛸（たこ）
蛸をめぐる信仰や多彩な民間伝承を紹介するとともに、その生態・分布・捕獲法・繁殖と保護・調理法などを集成し、日本人と蛸との知られざるかかわりの歴史を探る。 四六判370頁・'94

75 岩井宏實
曲物（まげもの）
桶・樽出現以前から伝承され、古来最も簡便・重宝な木製容器として愛用された曲物の加工技術と機能・利用形態の変遷をさぐり、手づくりの「木の文化」を見なおす。 四六判318頁・'94

76-I 石井謙治
和船I
★第49回毎日出版文化賞受賞
江戸時代の海運を担った千石船（弁才船）について、その構造と技術、帆走性能を綿密に調査し、通説の誤りを正すとともに、海難と信仰、船絵馬等の考察にもおよぶ。 四六判436頁・'95

76-II 石井謙治
和船II
★第49回毎日出版文化賞受賞
造船史から見た著名な船を紹介し、遣唐使船や遣欧使節船、幕末の洋式船における外国技術の導入について論じつつ、船の名称と船型を海船・川船にわたって解説する。 四六判316頁・'95

77-I 金子功
反射炉I
日本初の佐賀鍋島藩の反射炉と精錬方＝理化学研究所、島津藩の反射炉と集成館＝近代工場群を軸に、日本の産業革命の時代における人と技術を現地に訪ねて発掘する。 四六判244頁・'95

77-II 金子功
反射炉II
伊豆韮山の反射炉をはじめ、全国各地の反射炉建設にかかわった有名無名の人々の足跡をたどり、開国か攘夷かに揺れる幕末の政治と社会の悲喜劇をも生き生きと描く。 四六判226頁・'95

78-I 竹内淳子
草木布（そうもくふ）I
風土に育まれた布を求めて全国各地を歩き、木綿普及以前に山野の草木を利用して豊かな衣生活文化を築き上げてきた庶民の知られざる知恵のかずかずを実地にさぐる。 四六判282頁・'95

83-III 白井祥平
貝III
シンジュガイ、ハマグリ、アカガイ、シャコガイなどをめぐって世界各地の民族誌を渉猟し、それらが人類文化に残した足跡を辿る。参考文献一覧／総索引を付す。 四六判392頁・'97

84 有岡利幸
松茸（まつたけ）
秋の味覚として古来珍重されてきた松茸の由来を求めて、稲作文化と里山（松林）の生態系から説きおこし、日本人の伝統的生活文化の中に松茸流行の秘密をさぐる。 四六判296頁・'97

85 朝岡康二
野鍛冶（のかじ）
鉄製農具の製作・修理・再生を担ってきた農鍛冶の歴史的役割を探り、近代化の大波の中で変貌する職人技術の実態をアジア各地のフィールドワークを通して描き出す。 四六判280頁・'98

86 菅 洋
稲 品種改良の系譜
作物としての稲の誕生、稲の渡来と伝播の経緯から説きおこし、明治以降主として庄内地方の民間育種家の手によって飛躍的発展をとげたわが国品種改良の歩みを描く。 四六判332頁・'98

87 吉武利文
橘（たちばな）
永遠のかぐわしい果実として日本の神話・伝説に特別の位置を占めて語り継がれてきた橘をめぐって、その育まれた風土とかずかずの伝承の中に日本文化の特質を探る。 四六判286頁・'98

88 矢野憲一
杖（つえ）
神の依代としての杖や仏教の錫杖に杖と信仰とのかかわりを探り、人類が突きつつ歩んだその歴史と民俗を興味ぶかく語る。多彩な材質と用途を網羅した杖の博物誌。 四六判314頁・'98

89 渡部忠世／深澤小百合
もち（糯・餅）
モチイネの栽培・育種から食品加工、民俗、儀礼にわたってそのルーツと伝承の足跡をたどり、アジア稲作文化という広範な視野からこの特異な食文化の謎を解明する。 四六判330頁・'98

90 坂井健吉
さつまいも
その栽培の起源と伝播経路を跡づけるとともに、わが国伝来後四百年の経緯を詳細にたどり、世界に冠たる育種と栽培・利用法を築いた人々の知られざる足跡をえがく。 四六判328頁・'99

91 鈴木克美
珊瑚（さんご）
海岸の自然保護に重要な役割を果たす岩石サンゴから宝飾品として知られる宝石サンゴまで、人間生活と深くかかわってきたサンゴの多彩な姿を人類文化史として描く。 四六判370頁・'99

92-I 有岡利幸
梅I
万葉集、源氏物語、五山文学などの古典や天神信仰に表れた梅の足跡を克明に辿りつつ日本人の精神史に刻印された梅を浮彫にし、梅と日本人の二〇〇〇年史を描く。 四六判274頁・'99

92-II　有岡利幸
梅II
その植生と栽培、伝承、梅の名所や鑑賞法の変遷から戦前の国定教科書に表れた梅まで、梅と日本人との多彩なかかわりを探り、桜との対比において梅の文化史を描く。　四六判338頁・'99

93　福井貞子
木綿口伝（もめんくでん）　第2版
老女たちからの聞書を経糸とし、厖大な遺品・資料を緯糸として、母から娘へと幾代にも伝えられた手づくりの木綿文化を掘り起し、近代の木綿の盛衰を描く。増補版　四六判336頁・'00

94　増川宏一
合せもの
「合せる」には古来、一致させるの他に、競う、闘う、比べる等の意味があった。貝合せや絵合せ等の遊戯・賭博を中心に、広範な人間の営みを「合せる」行為に辿る。　四六判300頁・'00

95　福井貞子
野良着（のらぎ）
明治初期から昭和四〇年までの野良着を収集・分類・整理し、それらの用途と年代、形態、材質、重量、呼称などを精査して、働く庶民の創意にみちた生活史を描く。　四六判292頁・'00

96　山内昶
食具（しょくぐ）
東西の食文化に関する資料を渉猟し、食法の違いを人間の自然に対するかかわり方の違いとして捉えつつ、食具を人間と自然をつなぐ基本的な媒介物として位置づける。　四六判290頁・'00

97　宮下章
鰹節（かつおぶし）
黒潮からの贈り物・カツオの漁法から鰹節の製法や食法、商品としての流通までを歴史的に展望するとともに、沖縄やモルジブ諸島の調査をもとにそのルーツを探る。　四六判382頁・'00

98　出口晶子
丸木舟（まるきぶね）
先史時代から現代の高度文明社会まで、もっとも長期にわたり使われてきた刳り舟に焦点を当て、その技術伝承を辿りつつ、森や水辺の文化の広がりと動態をえがく。　四六判324頁・'01

99　有岡利幸
梅干（うめぼし）
日本人の食生活に不可欠の自然食品・梅干をつくりだした先人たちの知恵に学ぶとともに、健康増進に驚くべき薬効を発揮する、その知られざるパワーの秘密を探る。　四六判300頁・'01

100　森郁夫
瓦（かわら）
仏教文化と共に中国・朝鮮から伝来し、一四〇〇年にわたり日本の建築を飾ってきた瓦をめぐって、発掘資料をもとにその製造技術、形態、文様などの変遷をたどる。　四六判320頁・'01

101　長澤武
植物民俗
衣食住から子供の遊びまで、幾世代にも伝承された植物をめぐる暮らしの知恵を克明に記録し、高度経済成長期以前の農山村の豊かな生活文化を愛惜をこめて描き出す。　四六判348頁・'01

102 箸（はし） 向井由紀子／橋本慶子

そのルーツを中国、朝鮮半島に探るとともに、日本人の食生活に不可欠の食具となり、日本文化のシンボルとされるまでに洗練された箸の文化の変遷を総合的に描く。四六判334頁・'01

103 採集 ブナ林の恵み 赤羽正春

縄文時代から今日に至る採集・狩猟民の暮らしを復元し、動物の生態系と採集生活の関連を明らかにしつつ、民俗学と考古学の両面から山に生かされた人々の姿を描く。四六判298頁・'01

104 下駄 神のはきもの 秋田裕毅

古墳や井戸等から出土する下駄に着目し、下駄が地上と地下の他界を結ぶ聖なるはきものであったという大胆な仮説を提出、日本の神々の忘れられた側面を浮彫にする。四六判304頁・'02

105 絣（かすり） 福井貞子

膨大な絣遺品を収集・分類し、絣産地を実地に調査して絣の技法と文様の変遷を地域別・時代別に跡づけ、明治・大正・昭和の手づくりの染織文化の盛衰を描き出す。四六判310頁・'02

106 網（あみ） 田辺悟

漁網を中心に、網に関する基本資料を網羅して網の変遷と網をめぐる民俗を体系的に描き出し、網の文化を集成する。「網に関する小事典」「網のある博物館」を付す。四六判316頁・'02

107 蜘蛛（くも） 斎藤慎一郎

「土蜘蛛」の呼称で畏怖される一方「クモ合戦」など子供の遊びとしても親しまれてきたクモと人間との長い交渉の歴史をその深層に遡って追究した異色のクモ文化論。四六判320頁・'02

108 襖（ふすま） むしゃこうじ・みのる

襖の起源と変遷を建築史・絵画史の中に探りつつその用と美を浮彫にし、衝立・障子・屏風等と共に日本建築の空間構成に不可欠の建具となるまでの経緯を描き出す。四六判270頁・'02

109 漁撈伝承（ぎょろうでんしょう） 川島秀一

漁師たちからの聞き書きをもとに、寄り物、船霊、大漁旗など、漁撈にまつわる〈もの〉の伝承を集成し、海の道によって運ばれた習俗や信仰の民俗地図を描き出す。四六判334頁・'03

110 チェス 増川宏一

世界中に数億人の愛好者を持つチェスの起源と文化を、欧米における膨大な研究の蓄積を渉猟しつつ探り、日本への伝来の経緯から美術工芸品としてのチェスにおよぶ。四六判298頁・'03

111 海苔（のり） 宮下章

海苔の歴史は厳しい自然とのたたかいの歴史だった——採取から養殖、加工、流通、消費に至る先人たちの苦難の歩みを史料と実地調査によって浮彫にする食物文化史。四六判　頁・'03

112 原田多加司
屋根　檜皮葺と杮葺
屋根葺師一〇代の著者が、自らの体験と職人の本懐を語り、連綿として受け継がれてきた伝統の手わざを体系的にたどりつつ伝統技術の保存と継承の必要性を訴える。　四六判340頁・'03

113 鈴木克美
水族館
初期水族館の歩みを創始者たちの足跡を通して辿りなおし、水族館をめぐる社会の発展と風俗の変遷を描き出すとともにその未来像をさぐる初の〈日本水族館史〉の試み。　四六判290頁・'03

114 朝岡康二
古着（ふるぎ）
仕立てと着方、管理と保存、再生と再利用等にわたり衣生活の変容を近代の日常生活の変化として捉え直し、衣服をめぐるリサイクル文化が形成される経緯を描き出す。　四六判292頁・'03

115 今井敬潤
柿渋（かきしぶ）
染料・塗料をはじめ生活百般の必需品であった柿渋の伝承を記録し、文献資料をもとにその製造技術と利用の実態を明らかにして、忘れられた豊かな生活技術を見直す。　四六判294頁・'03

116-I 武部健一
道I
道の歴史を先史時代から説き起こし、古代律令制国家の要請によって駅路が設けられ、しだいに幹線道路として整えられてゆく経緯を技術史・社会史の両面からえがく。　四六判248頁・'03

116-II 武部健一
道II
中世の鎌倉街道、近世の五街道、近代の開拓道路から現代の高速道路網までを通観し、道路を拓いた人々の手によって今日の交通ネットワークが形成された歴史を語る。　四六判280頁・'03

117 狩野敏次
かまど
日常の煮炊きの道具であるとともに祭りと信仰に重要な位置を占めてきたカマドをめぐる忘れられた伝承を掘り起こし、民俗空間の壮大なコスモロジーを浮彫りにする。　四六判292頁・'04

118-I 有岡利幸
里山I
縄文時代から近世までの里山の変遷を人々の暮らしと植生の変化の両面から跡づけ、その源流を記紀万葉に描かれた里山の景観や大和・三輪山の古記録・伝承等に探る。　四六判276頁・'04

118-II 有岡利幸
里山II
明治の地租改正による山林の混乱、相次ぐ戦争による山野の荒廃、エネルギー革命、高度成長による大規模開発など、近代化の荒波に翻弄される里山の見直しを説く。　四六判274頁・'04

119 菅　洋
有用植物
人間生活に不可欠のものとして利用されてきた身近な植物たちの来歴と栽培・育種・品種改良・伝播の経緯を平易に語り、植物と共に歩んだ文明の足跡を浮彫にする。　四六判324頁・'04

120-I 山下渉登
捕鯨I
世界の海で展開された鯨と人間との格闘の歴史を振り返り、「大航海時代」の副産物として開始された捕鯨業の誕生以来四〇〇年にわたる盛衰の社会的背景をさぐる。 四六判314頁・'04

120-II 山下渉登
捕鯨II
近代捕鯨の登場により鯨資源の激減を招き、捕鯨の規制・管理のための国際条約締結に至る経緯をたどり、グローバルな課題としての自然環境問題を浮き彫りにする。 四六判312頁・'04

121 竹内淳子
紅花（べにばな）
栽培、加工、流通、利用の実際を現地に探訪して紅花とかかわってきた人々からの聞き書きを集成し、忘れられた〈紅花文化〉を復元しつつその豊かな味わいを見直す。 四六判346頁・'04

122-I 山内昶
もののけI
日本の妖怪変化、未開社会の〈マナ〉、西欧の悪魔やデーモンを比較考察し、名づけ得ぬ未知の対象を指す万能のゼロ記号〈もの〉をめぐる人類文化史を跡づける博物誌。 四六判320頁・'04

122-II 山内昶
もののけII
日本の鬼、古代ギリシアのダイモン、中世の異端狩り・魔女狩り等々をめぐり、自然＝カオスと文化＝コスモスの対立の中で〈野生の思考〉が果たしてきた役割をさぐる。 四六判280頁・'04

123 福井貞子
染織（そめおり）
自らの体験と厖大な残存資料をもとに、糸づくりから織り、染めにわたる手づくりの豊かな生活文化を見直す。創意にみちた手わざのかずかずを復元する庶民生活誌。 四六判294頁・'05

124-I 長澤武
動物民俗I
神として崇められたクマやシカをはじめ、人間にとって不可欠の鳥獣や魚、さらには人間を脅かす動物など、多種多様な動物たちと交流してきた人々の暮らしの民俗誌。 四六判282頁・'05

124-II 長澤武
動物民俗II
動物の捕獲法をめぐる各地の伝承を紹介するとともに、全国で語り継がれてきた多彩な動物民話・昔話を渉猟し、暮らしの中で培われた動物フォークロアの世界を描く。 四六判284頁・'05